第二次全国污染源普查实践系列丛书

区县污染源普查工作方案编制要点

张红振　董璟琦　董国强　徐晓云　编著

中国环境出版集团·北京

图书在版编目（CIP）数据

区县污染源普查工作方案编制要点/张红振等编著.
—北京：中国环境出版集团，2019.10
（第二次全国污染源普查实践系列丛书）
ISBN 978-7-5111-4078-4

Ⅰ．①区… Ⅱ．①张… Ⅲ．①县—污染源调查—方案
制定—中国 Ⅳ．①X508.2

中国版本图书馆 CIP 数据核字（2019）第 182652 号

出 版 人	武德凯
责任编辑	陈雪云
责任校对	任 丽
封面设计	宋 瑞

更多信息，请关注
中国环境出版集团
第一分社

出版发行 **中国环境出版集团**
（100062 北京市东城区广渠门内大街 16 号）
网 址：http://www.cesp.com.cn
电子邮箱：bjgl@cesp.com.cn
联系电话：010-67112765（编辑管理部）
010-67112735（第一分社）
发行热线：010-67125803，010-67113405（传真）
印 刷 北京中科印刷有限公司
经 销 各地新华书店
版 次 2019 年 10 月第 1 版
印 次 2019 年 10 月第 1 次印刷
开 本 787×1092 1/16
印 张 10.5
字 数 200 千字
定 价 65.00 元

中国环境出版集团郑重承诺：
中国环境出版集团合作的印刷单位、材料单位均具有中国环境标志产品认证；
中国环境出版集团所有图书"禁塑"。

《第二次全国污染源普查实践系列丛书》
项目支持

本系列丛书得到了"通州区第二次全国污染源普查技术服务项目""邯郸市第二次全国污染源普查技术服务项目""武安市第二次全国污染源普查技术服务项目"等普查项目，以及国家重点研发计划项目"污染场地绿色可持续修复评估体系与方法（2018YFC1801300）"、世界银行咨询项目"中国污染场地风险管控的环境经济学分析及优化建议"、污染场地安全修复技术国家工程实验室开放基金项目"工业地块土地安全修复与可持续利用规划决策支持方法与平台构建研究（NEL-SRT201709）"、污染场地安全修复技术国家工程实验室开放基金项目"大型污染场地精细化环境调查与风险管控技术方法与实例研究（NEL-SRT201708）"的共同资助。

《区县污染源普查工作方案编制要点》
编写委员会

张红振　董璟琦　董国强　徐晓云　雷秋霜　段美惠

叶　渊　杨家乃　王思宇　李香兰　牛坤玉　李剑峰

曹　东　张鸿宇　赵高阳　姜金海　张明明　彭小红

梅丹兵　武梦瑶　崔博君　高　月　白俊松　王籽橦

李　森　杨雨晴　张黎明　邓璟菲

前　言

　　污染源普查每十年一次，是全社会各界应尽的义务和责任。污染源普查的目的是掌握各类污染源的数量、行业和地区分布情况，了解主要污染物的产生、排放和处理情况，建立健全重点污染源档案、污染源信息数据库和环境统计平台，为制定经济社会发展和环境保护政策、规划提供重要依据。做好污染源普查，有利于全面掌握我国各类污染源的现状，准确判断我国当前的环境形势；有利于推动打好水、土、大气三大污染防治攻坚战的实施，推进生产生活方式转变，不断改善环境质量；有利于加快推进生态文明建设和绿色发展，补齐全面建成小康社会的生态环境短板和实现乡村振兴战略目标。李干杰部长指出，要切实提高政治站位，从打好污染防治攻坚战、推进生态文明建设、建设美丽中国的高度，全面细致做好入户调查，高标准、高质量、高水平完成普查任务，为准确判断生态环境形势、加强污染源监管、改善生态环境质量、防控环境风险、服务环境与发展综合决策提供科学依据和重要支撑。尤其是在当前形势下，污染防治攻坚战被提升到前所未有的高度，通州区作为北京市城市副中心，改善环境质量的压力十分巨大，尤其是打赢蓝天保卫战。与北京市其他区相比，通州区的区位劣势十分明显，大气主要污染指标下降的幅度十分有限。而污染源普查的成果，将对有针对性地改善环境质量、提升源头控制和治理措施的有效性发挥十分重要的作用。

　　通州区污染源普查涉及方面多、污染来源面广、普查工作量大、技术难度大、任务要求高，根据《国务院关于开展第二次全国污染源普查的通知》（国发〔2016〕59号）和《国务院办公厅关于印发第二次全国污染源普查方案的通知》（国办发〔2017〕82号）及北京市第二次全国污染源普查工作的相关要求，为增强做好污染源普查的紧迫感和责任感，提高认识，做好组织工作，充实力量，为全面落实通州区第二次全国污染源普查工作，明确目标任务、技术路线、工作内容、部门分工、时间节点等，本书以北京市通州区为例，提出了区县制定污染源普查实施方案的相关要点，对于了解、掌握、指导和推进全国区县级污染源普查具有参考意义。

作　者

2019 年 2 月

目　　录

第1章　污染源普查工作背景 ···1

    1.1　普查背景和必要性 ···1

    1.2　工作依据 ···3

    1.3　基本要求 ···4

第2章　污染源普查目标和原则 ··15

    2.1　总体要求 ··15

    2.2　工作目标 ··15

    2.3　工作原则 ··17

第3章　污染源普查对象和内容 ··19

    3.1　普查对象 ··19

    3.2　普查内容 ··23

    3.3　普查工作要点 ··26

    3.4　区县污染源普查宣传方案 ···43

第4章　污染源普查技术路线 ··49

    4.1　工业污染源 ··49

    4.2　农业污染源 ··49

    4.3　生活污染源 ··50

    4.4　集中式污染治理设施 ···53

    4.5　移动源 ··55

    4.6　专项补充源 ··62

第 5 章　污染源普查实施步骤 ·· **68**

　　5.1　前期准备阶段（2018 年 3 月底）·························· 68

　　5.2　清查建库阶段（2018 年 5 月底）·························· 68

　　5.3　全面普查阶段（2018 年 6—12 月）······················ 69

　　5.4　总结发布阶段（2019 年 6 月）·························· 70

第 6 章　污染源普查质控管理 ·· **73**

　　6.1　质控工作要点 ·· 73

　　6.2　质控主要内容 ·· 74

　　6.3　关键质控环节 ·· 74

　　6.4　重要质控形式 ·· 75

第 7 章　污染源普查实施保障 ·· **77**

　　7.1　明确责任机制 ·· 77

　　7.2　落实任务要求 ·· 78

　　7.3　严格管理机制 ·· 79

　　7.4　做好技术培训 ·· 80

　　7.5　扩大宣传动员 ·· 80

　　7.6　调动乡镇力量 ·· 82

第 8 章　区县普查经费预算编制要点 ·································· **84**

　　8.1　日常办公费 ·· 85

　　8.2　普查员和普查指导员聘用和培训费 ························ 87

　　8.3　普查试点费 ·· 88

　　8.4　普查检测费 ·· 88

　　8.5　委托第三方服务费 ······································ 89

　　8.6　普查宣传费 ·· 94

　　8.7　表彰奖励费 ·· 95

　　8.8　财务审计费 ·· 95

　　8.9　交通费 ·· 95

第 9 章　通州区第二次全国污染源普查工作方案配套文件 ························· **96**

9.1　北京市通州区第二次全国污染源普查领导小组成员单位职责分工 ········· 97

9.2　关于第三方机构参与北京市通州区第二次全国污染源普查
　　　工作管理办法 ·· 101

9.3　北京市通州区第二次全国污染源普查普查员和普查指导员
　　　选聘及管理工作办法 ·· 104

9.4　北京市通州区第二次全国污染源普查采样检测服务质量保证
　　　和质量控制技术规定 ·· 109

9.5　北京市通州区第二次全国污染源普查乡镇和街道工作要点 ·············· 122

9.6　北京市通州区第二次全国污染源普查宣传工作方案 ···················· 125

9.7　北京市通州区第二次全国污染源普查质量保证和质量控制工作细则 ····· 129

9.8　北京市通州区第二次全国污染源普查培训实施方案 ···················· 138

9.9　北京市通州区第二次全国污染源普查项目财务管理和审计相关规定 ····· 141

9.10　北京市通州区第二次全国污染源普查数据和档案保密
　　　 工作制度 ·· 145

9.11　北京市通州区第二次全国污染源普查档案管理办法 ··················· 146

9.12　北京市通州区第二次全国污染源普查评比表彰工作细则 ·············· 150

参考文献 ·· **156**

第 1 章　污染源普查工作背景

1.1　普查背景和必要性

1.1.1　普查背景

全国污染源普查是重大的国情调查，是环境保护的基础性工作，对于准确研判环境形势，制定实施有针对性的经济社会发展和环境保护政策、规划，不断改善环境质量，加快推进生态文明建设具有重要意义。国务院于 2016 年下发《国务院关于开展第二次全国污染源普查的通知》（国发〔2016〕59 号）要求 2017 年起开展第二次全国污染源普查。国务院办公厅于 2017 年上半年下发《国务院办公厅关于印发第二次全国污染源普查方案的通知》（国办发〔2017〕82 号），要求全国各省市开展第二次污染源普查工作。2017 年 11 月，《北京市第二次全国污染源普查领导小组办公室关于开展北京市第二次全国污染源普查工作的通知》（京污普办〔2017〕1 号），要求各区政府尽快组建普查机构、抓紧落实普查经费、健全完善督察制度，全面落实各项工作。通过开展污染源普查，全面、系统、准确地掌握通州区废水、废气、固体废物、辐射等各类污染源的数量、结构和分布状况，掌握区域、流域、行业污染物产生、排放和处理情况，建立健全重点污染源档案、污染源信息数据库和环境统计平台，为加强通州区污染源监管、改善环境质量、防控环境风险、服务环境与发展综合决策提供依据奠定坚实基础。

北京市政府张工常务副市长于 2017 年 7 月 13 日批示：北京要高度重视，不仅要组建好机构，更要抓好普查工作的落实！这次普查对新时期了解、把握自身情况，实施精准治污意义重大，务请高度重视；9 月 23 日批示：请陈添、方力同志阅读研究并组织推动，要高度重视，借此机遇做好基础性工作，为更有针对性地科学治污提供依据。要认真研究、学习、培训，动员组织好实施。按照国家、北京市文件和张工常务副市长要求，市里已于 2017 年底正式设立北京市第二次全国污染源普查领导小组及其办公室，并已正式成立北京市"二污普"工作办公室，包括市环保系统借调工作人员及社会聘用专业技术人员，并发布了《关于印发〈北京市第二次全国污染源普查实施方案〉的通知》（京污普〔2018〕2号），明确了北京市第二次全国污染源普查的目标、对象、内容、技术路线等。

通州区是北京市城市副中心，开展第二次全国污染源普查，掌握各类污染源的数量、行业和地区分布情况，了解主要污染物产生、排放和处理情况，建立健全重点污染源档案、污染源信息数据库和环境统计平台，对于准确判断当前通州区环境形势，制定实施有针对性的经济社会发展和环境保护政策、规划，不断改善环境质量，加快推进生态文明建设，补齐全面建成小康社会的生态环境短板具有重要意义。通过开展污染源普查，全面、系统、准确地掌握通州区废水、废气、固体废物、辐射等各类污染源的数量、结构和分布状况，掌握区域、流域、行业污染物产生、排放和处理情况，为加强污染源监管、改善环境质量、防控环境风险、服务环境与发展综合决策奠定坚实基础。

1.1.2　必要性

一是满足国家和北京市关于开展污染源普查工作任务的重要支撑和保障。根据《全国污染源普查条例》第十五条规定，"县级以上地方人民政府污染源普查领导小组，按照全国污染源普查领导小组的统一规定和要求，领导和协调本行政区域的污染源普查工作。"依法开展通州区第二次全国污染源普查工作，摸清本辖区内污染源分布、数量、类型、污染排放等基本情况，是国家和北京市污染源普查工作的基本要求。

二是提升通州区环境质量，有效解决通州区主要环境问题的重要基础性工作。通州区地处北京市东南方向，大气环境受河北、天津所属临近市县影响时间长，空气质量改善压力大；同时通州区地处北京市境内河流下游，受上游水质影响大。通过开展污染源普查工作，精准识别和量化本地污染源及其贡献程度是实现精准化、科学化环境管理的重要支撑保障。

三是进一步打好污染防治三大战役，有效解决新型环境问题和促进环境形势持续好转的重要基础性工作。污染源普查工作以环境质量改善为核心，以辖区内"大气、水、土壤"的突出环境问题为出发点，为建立污染源—污染物—环境质量关联响应机制提供重要支撑，是建立污染源排放清单、污染防治环境溯源、探索解决新型环境污染问题的重要基础。

1.1.3　面临挑战

通州区区域位置敏感，环境质量达标保障度要求高，污染源识别管理的现状水平与实际需求存在脱节。区内各类大小规模污染源和排污口数量种类繁多，整体分布情况和污染物排放情况不明。特别是新城规划区等重点区域内的污染源风险管控与环境质量达标要求严格，现状管理水平与数据基础较难满足相应管理需求。

近年来，通州区社会经济活动和功能定位调整幅度大，为下一步精细化管理的重点识别和定量分析增大难度。重点行业企业大规模停产退出、产业结构调整升级、餐饮等服务业数量增加，人口结构变化与数量增加等问题使得近十年来污染源分布特征发生大幅改变。通州区污染源底数调查、名录清查与普查工作量剧增。

就通州区整体而言，污染源类型和数量相对较多，环境管理人力资源紧缺，给普查工作的组织实施带来困难和挑战。基层乡镇和街道环保科或经济发展科专职环保工作人员数量有限，现有网格员工作量已趋于饱和，新聘用的普查员和普查指导员经验不足，对大量的污染源普查调查表填写、录入、审核等工作的开展形成了考验。

1.2　工作依据

1.2.1　法律依据

（1）《中华人民共和国统计法》；

（2）《中华人民共和国环境保护法》。

1.2.2　政策文件

（1）《全国污染源普查条例》，国务院令　第 508 号；

（2）《国务院关于开展第二次全国污染源普查的通知》，国发〔2016〕59 号；

（3）《国务院办公厅关于印发第二次全国污染源普查方案的通知》，国办发〔2017〕82 号；

（4）《关于印发〈第二次全国污染源普查项目预算编制指南〉的通知》，国污普〔2017〕3 号；

（5）《关于印发〈第二次全国污染源普查部门分工〉的通知》，国污普〔2017〕4 号；

（6）《关于印发〈第二次全国污染源普查工作要点〉的通知》，国污普〔2017〕9 号；

（7）《关于第二次全国污染源普查普查员和普查指导员选聘及管理工作的指导意见》，国污普〔2017〕10 号；

（8）《关于做好第三方机构参与第二次全国污染源普查工作的通知》，国污普

〔2017〕11 号；

（9）《关于印发〈北京市第二次全国污染源普查实施方案〉的通知》，京污普
〔2018〕2 号；

（10）《农业部办公厅关于做好第二次全国农业污染源普查有关工作的通知》，农办科
〔2017〕42 号；

（11）《北京市第二次全国污染源普查领导小组办公室关于开展北京市第二次全国污
染源普查工作的通知》，京污普〔2017〕1 号；

（12）《关于印发〈第二次全国污染源普查试点工作方案〉的通知》，国污普〔2018〕
2 号；

（13）《关于同意设立北京市通州区污染源普查领导小组的批复》，通编临字〔2017〕
45 号。

1.2.3　技术导则

（1）《关于开展第二次全国污染源普查生活源锅炉清查工作的通知》，环普查
〔2017〕188 号；

（2）《关于印发〈第二次全国污染源普查清查技术规定〉的通知》，国污普〔2018〕3 号；

（3）《大气挥发性有机物源排放清单编制技术指南（试行）》，环保部公告 2014 年
第 55 号；

（4）《大气氨源排放清单编制技术指南（试行）》，环保部公告　2014 年　第 55 号；

（5）《大气污染源优先控制分级技术指南（试行）》，环保部公告　2014 年　第 55 号；

（6）《大气细颗粒物一次源排放清单编制技术指南（试行）》，环保部公告　2014 年
第 55 号；

（7）《非道路移动源大气污染物排放清单编制技术指南（试行）》，环保部公告　2014 年
第 92 号。

1.3　基本要求

1.3.1　普查入户的基本要求

遵照国家、北京市和通州区关于第二次全国污染源普查的要求，支持通州区第二次

全国污染源普查领导小组办公室（以下简称"区普查办"）和各乡镇街道普查机构，严格按照普查员聘用管理的法规、办法和程序，在区普查办和各乡镇普查办的统一指挥和管理下，组织好普查员和普查指导员的选聘准备和管理支撑工作，聘用足够数量的普查员和普查指导员，做好聘用合格的普查员和普查指导员参与市级和区级相关培训活动，组织人力资源做好通州区各类污染源入户调查和抽样调查工作，管理和组织好数据录入和初步数据审核工作，对于不合格的普查数据重新组织入户调查和填报，直至满足要求为止。做好普查员和普查指导员的组织管理、劳务管理、业务管理和社会保障支撑，为全面服务通州区第二次全国污染源普查工作顺利推进提供组织实施保障。

1. 普查员和普查指导员选聘和管理

（1）协助做好普查员和普查指导员的选聘准备和管理支撑

按照北京市和通州区第二次全国污染源普查相关要求，协助区普查办和乡镇普查机构开展全区普查员和普查指导员的选聘和管理工作，协助制定普查员聘用办法、管理规定，协助制订组织管理计划、人力资源配置计划。组织和选聘普查员和普查指导员数量满足通州区各类污染源开展全部入户调查和抽样调查的人数、素质、工作时限要求。普查员要求必须具备高中及以上学历（在校本科生或研究生优先），熟悉环保专业知识。普查指导员必须要求专科及以上学历，环境类专业毕业。

聘任方式和管理机制需满足北京市和通州区污染源普查要求，待遇条件劳动报酬和交通、通信、误餐补助等补贴及人身意外保险保障需满足北京市人民政府、通州区人民政府和其他社会管理组织的有关要求。组织普查员和普查指导员参加北京市和通州区组织的相关培训，协助做好考核聘任工作，做好考核合格后登记在册普查员和普查指导员的日常管理工作并满足持证上岗要求，做好普查员各类前期工作和工作过程公示，如在普查办网站上公示，在乡镇、街道进行公示，负责对公示内容进行明确。

第一类普查员，组织从各乡镇、街道招聘，以乡镇招聘为主，区普查办协助，要求此类普查员熟悉辖区内企业和地理情况，具有较强的沟通协调能力，能够快速找到普查对象所在地并熟悉相关人员；具有一定的环保管理与技术经验的优先；这一类普查员工作时限不做固定要求，参加培训并通过考核后聘用，要求完全掌握普查的程序、记录和管理工作，基本掌握普查的数据录入、校对、审核和确认工作，带领普查小组按时到达普查地点并做好衔接沟通，配合完成普查相关数据和信息的录入工作，可采用按件计费和按月计费相结合的方式，同时必须保障基本的工作进度要求。

第二类普查员，配合区普查办面向在京大中专院校、科研院所和环境类技术咨询服务公司招聘，要求责任心强，具有环境管理与污染防治专业技术知识及实践经验，具备环境类相关专业素养，可以高效完整准确地填报和核定普查表，具备开展污染源普查所必需的专业技能，负责完成污染源普查对象的数据收集、填报和校核，负责完成普查相关数据和表格的录入工作。

确保组织好这两类普查员参加培训、掌握普查的管理和技术要领，负责明确普查员和普查指导员的责任和纪律要求，负责考核合格后签订劳务合同，做好颁发普查员证的准备工作。

配合做好普查指导员招聘工作，协同区普查办和各乡镇街道共同负责招聘和培训工作。

（2）做好普查员和普查指导员的管理工作

负责普查入户调查全过程两员（普查员和普查指导员）的管理和组织协调工作。按照区普查办的要求，建立全面、高效、灵活的普查人员管理机制和制度文件。建立高效有序的普查小组并合理布置任务，设置对接区普查办专门人员、对接各乡镇普查机构专门人员，设置机动人员，落实各组普查员和普查指导员所属乡镇和普查小区，明确各组普查员和普查指导员负责入户调查内容，落实各组普查员和普查指导员负责人和联系人，确保职责清晰、权属明确，落实责任到人。做好两员工作记录，提供入户承诺函，做好定期汇报工作，保障普查入户调查和抽样调查工作的顺利实施。按照国家相关规定向普查员、普查指导员提供到入户普查点的交通、必要的住宿、误餐补贴等。协助配合和提供人力资源确保农业、林业、水务相关污染源普查（含国家和北京市要求的其他普查入户工作）的现场工作和必要的技术支持。

2. 普查员和普查指导员内部培训

负责组织普查员和普查指导员参加北京市和通州区组织的相关技术和管理培训，负责维持培训期间的纪律，负责做好考核管理和出勤情况统计等管理工作。根据工作需要，组织开展针对普查员和普查指导员的内部管理和技术培训。培训内容主要包括入户调查方式方法、质量保证措施与注意事项、统计调查方式方法、沟通交流方法、依法普查权责、基本法律常识、廉洁守法教育、人身安全教育等。

3. 开展入户调查和抽样调查工作

（1）编制工作方案

基于国家、北京市和通州区第二次全国污染源普查工作相关技术规范和管理文件，编制本次入户调查和抽样调查详细工作方案、任务部署和管理方案、质量管理和初步校核方案。基于与区普查办、乡镇普查机构和其他普查参与单位的沟通协调，制定包含入户调查任务分工、普查内容、普查方法、各类型污染源入户调查表、技术路线、质量控制、人员组织保障、时间进度安排、经费和交通保障等在内的详细工作方案,需满足通州区普查工作相关要求。严格按照相关工作程序,根据工作需要,分乡镇、分污染源类型做好各层级的普查入户期间的启动会、工作布置会、工作动员会、工作宣贯会、工作调度会、工作总结会、工作答疑会、质控把关会等。

（2）开展入户调查

基于入户调查工作方案和通州区污染源普查整体工作安排,组织普查员和普查指导员开展入户调查工作。负责印制入户调查表及其他入户告知宣传材料,根据工作需要购置推进工作所需的入户调查或采样相关设备,协调入户调查外勤人员的市内交通和保障工作餐饮。普查工作的制度化、精细化要求每次至少两名普查员同时入户,向普查对象签署入户调查承诺书,两名普查员分别履行询问、录入和现场质量校核、拍照等工作,确保现场收集的数据质量,并保证数据的准确度、精确度和完整度。

制度化管理普查指导员负责对下属普查员的上报数据进行质量初审、答疑解惑和跟踪指导,并应掌握其下属普查员的行程安排和普查对象及普查内容等情况。协调普查员和普查指导员赴区普查办进行数据录入工作的时间,确保入户调查进度和效率。入户调查工作结束后,完成编制《通州区第二次全国污染源普查入户调查工作报告》,提交《通州区第二次全国污染源普查普查员和普查指导员工作记录》。

（3）抽样调查

对于明确需要开展的农业、林业、餐饮、交通、补充源（生活氨和VOCs等）等抽样调查的污染源类型和普查对象,组织制定各类污染源的抽样调查方案,根据区普查办的要求组织普查员和普查指导员开展抽样调查,抽样率和抽样工作内容满足国家、北京市和通州区相关规定。印制普查对象抽样调查表。确保抽样调查工作过程和质量控制要求。按照国家、北京市和通州区普查办有关要求填写和完成相关数据录入和现场记录、报告编制工作。

（4）初步质量控制

派出相关管理和技术人员负责组织普查员（含普查指导员及重点源相关人员）有效参与北京市和通州区普查办（含第三方技术支持单位）组织的有关管理和技术培训工作。负责并组织完成对普查员和普查指导员聘任前的考核工作,按照区普查办和各乡镇普查办的要求,负责组织试点时期和全面普查时期的普查员入户调查工作,并对普查员和普查指导员上报的数据进行初步质量控制,对于普查员和普查指导员在入户调查和抽样调查过程中遇到的质量问题予以解决,不能解决的上报区普查办协调解决。负责的普查质量控制工作包括但不限于按照一定比例进行数据抽查、现场核实、反向核实等。在校对审核时期要协助乡镇质量核查员和区普查办质量核查人员开展初步质量核查工作，对于区普查办提出的不合格数据，指派相应的普查指导员和普查员进行实地核查或重新调查。负责对数据审核不合格的乡镇或污染源重新入户调查的组织实施和管理，直至普查结果符合要求为止。

（5）其他工作任务

① 配合做好农业普查工作中相关抽样调查方案设计，做好普查员和普查指导员工作调度和管理，配合完成相关普查任务。针对入河排污口清查和普查以及现场检测工作，做好相应的技术支撑和人力资源配置。配合北京市和通州区普查办完成第三方补充源的普查相关工作所需的技术支持和人力资源调度；

② 协助开展清查和普查阶段的相关检测现场工作，包括入河排污口、重点排放源、交通、非道路机械、农业面源、雨水径流、生活氨、餐饮业及国家、北京市和通州区规定的其他污染源现场采样和检测的人力资源需求；

③ 做好普查员和普查指导员的劳务计量和核实工作量及工作成效，按时足额支付薪酬，杜绝并解决任何劳务纠纷和社会群体事件。

（6）区普查办交办的其他入户调查工作

拟要求提交的工作成果（提交的时间节点与附件中的时间要求一致）包括：

① 完成通州区第二次全国污染源普查员和普查指导员的聘用准备和普查全过程管理工作及相关档案资料（方案及培训资料、管理制度、公示材料等）；

② 通州区第二次全国污染源普查普查员和普查指导员选聘名录；

③ 通州区第二次全国污染源普查普查员和普查指导员工作记录；

④ 通州区第二次全国污染源普查入户调查工作方案；

⑤ 提交通州区第二次全国污染源普查各类基表的合规填报、完成数据录入和初步审核相关纸质版和电子材料；

⑥ 完成通州区第二次全国污染源普查员和普查指导员的人力资源管理，配合完成考核奖惩方案及资料；

⑦ 通州区第二次全国污染源普查入户调查工作报告（全区的总报告，各乡镇的分报告，按流域、区域、行业的分报告）；

⑧ 国家、北京市和通州区普查办规定的入户调查阶段其他相关材料以及协助做好档案整理分类和规范存档工作。

具体进度安排如下：

➤ 2018 年 6 月底前，完成普查员和普查指导员的推荐选聘，参与区普查办组织的普查员和指导员培训考核，普查员和普查指导员数量要求满足通州区污染源普查入户调查、抽查核查、数据录入等具体工作要求，提交《通州区第二次全国污染源普查的普查指导员与普查员聘用和人力资源管理工作计划》《通州区第二次全国污染源普查普查员和普查指导员选聘名录》；

➢ 2018 年 7 月底前，分阶段参与完成普查指导员和普查员的工作职责、填表技术、PDA 使用方法、乡镇职责、普查对象职责等内容的普查培训工作，完成试点乡镇入户调查和数据填报先行先试；提交《通州区第二次全国污染源普查入户调查工作方案》；

➢ 2018 年 10 月底前，完成全区工业源、农业源、生活源、集中式污染治理设施的入户调查工作，完成表格合规填报、表格初审、跟踪核查、数据录入和初步汇总提交等工作；协助市普查办开展入河排污口取样检测；协助开展专项源和移动源的调查、观测和取样检测工作；提交《通州区第二次全国污染源普查普查员和普查指导员工作记录》；

➢ 2018 年 12 月底前，根据区普查办和市普查办对提交数据开展的质量校核、抽查和核查结果，完成全区污染源普查数据的修改和更新，对于审查不合格数据进行重新入户填报，充分配合并按照区普查办的要求完成相关数据更正工作，确保满足北京市普查办的要求，提交对应的合同成果；

➢ 2019 年 1 月 20 日前，协助通州区普查办开展对普查员和普查指导员的工作考核，根据考核结果履行奖惩制度或予以表彰，全过程参与普查管理工作档案，将全面普查入户调查全部相关资料移交区普查办，严格履行普查保密制度和档案管理制度，提交最终合同成果。

1.3.2　普查技术支持要求

严格按照国家和北京市关于第二次全国污染源普查的要求，提供管理和技术支持协助通州区普查办全面有序稳步推动通州区污染源普查工作。支持通州区环保局摸清通州区辖区内各类污染源基本情况，包括但不限于工业源、农业源、生活源、畜禽养殖、入河排污口、生活源锅炉、餐饮、生活氨、交通源、非道路机械、植物源等。严格遵从国家和北京市普查办的进度和质量内容要求，针对通州区各类污染源进行系统全面的部署和组织，统筹协调宣传培训、普查试点、全面调查、抽样调查等普查各项工作，组织开展普查质量评估、数据分析、系数核算等工作。识别各类污染源数量、结构和分布状况，掌握所辖范围内区域、流域、行业污染物产生、排放和处理情况。构建重点污染源档案、污染源信息数据库和环境统计平台。组织召开各个阶段的工作启动会、工作布置会、分阶段性的报告、工作进展调度会、工作总结会、阶段性成果总结会。保障顺利完成国家和北京市对本次普查的校核、评估和验收工作。为加强通州区污染源监管、改善环境质量、防控环境风险、服务环境与发展综合决策提供依据。

普查范围主要包括通州区工业和生活源、规模化畜禽养殖污染源、集中式污染处理设施、燃气锅炉、行政村和街道、北京市要求的补充专项源——挥发性有机物的补充源、生活相关氨排放源和非道路移动专项源的普查统筹协调、试点示范、培训宣传、质量评估、数据校核、数据库建设及其他技术支持工作。具体描述如下：

1. 编制普查方案

开展污染源普查前期调研，收集相关资料。在通州区污染源普查领导小组及其办公室的指导下，编制污染源普查工作实施方案、清查方案和相关管理要求的文件。开展污染源普查前期调研，收集相关资料。编制详细的时间进度计划（包括总体安排、各阶段详细安排、重要时间节点等）。制定普查整体方案、清查阶段方案、普查阶段方案、技术实施方案、质量控制方案、试点乡镇工作方案、宣传培训方案等。制定通州区污染源普查工作管理办法、通州区第二次全国污染源普查普查员和普查指导员选聘及管理工作办法、通州区第二次全国污染源普查检测服务质量保证和质量控制技术规定、通州区第二次全国污染源普查乡镇和街道工作要点、通州区第二次全国污染源普查质量保证和质量控制工作细则、通州区第二次全国污染源普查培训实施方案、通州区第二次全国污染源普查宣传工作方案、通州区第二次全国污染源普查数据和档案保密工作制度、通州区第二次全国污染源普查档案管理办法、通州区第二次全国污染源普查评比表彰工作细则等管理办法等。

2. 清查建库

按照北京市和通州区普查办的要求，开展数据收集、整理、分析和清查建库工作。清查工作启动前需提交"清查技术方案"，清查阶段需填写、录入和汇总各类污染源清查表，清查阶段结束后需提交"通州区第二次全国污染源普查基本单位名录"，根据国家污染源普查清查技术要求划定全区的清查小区（单元）。通过数据清查摸清通州区工业企业、规模化畜禽养殖场、集中式污染治理设施、生活源锅炉和市政入河（海）排污口，以及餐饮、干洗洗染、大型连锁超市溶剂类消费品、非道路机械移动源等调查对象基本信息，建立通州区第二次全国污染源普查基本单位名录。

开展清查建库和数据整理、核定、统计、分析、查重、筛分等具体工作，制作下发乡镇的清查核查表，以便于区普查办和各乡镇普查机构开展清查工作。

3. 宣传培训

协助通州区普查办组织开展普查员和普查指导员的培训工作，具体包括乡镇普查机构和人员清查培训、试点地区普查员和指导员技术培训、全区普查员入户调查培训、区和乡镇普查宣传培训、阶段性培训，协助乡镇普查机构组织开展普查对象培训等，主要负责会务联络、专家邀请、培训组织、联系通知、培训材料等事宜，确保培训的时效性、实用性和达到培训目的；组织全区或乡镇普查相关人员培训次数不少于 4 次。培训内容应包括但不限于普查工作方案、清查规定、普查范围、技术规范、软件使用，普查数据的分析汇总、审核、核查等，普查技术路线、普查数据计算，污染源普查表格的填写、审核、录入、汇总，现场核查、保密规定等。

协助区普查办组织开展污染源普查全过程宣传工作，编制宣传工作方案，时间跨度应涵盖普查前期宣传、入户调查宣传、普查后期宣传。主要内容包括但不限于公益广告、宣传册、宣传海报、横幅、新媒体渠道（微博、微信公众号）、问卷、宣传品等。开展区内公交站点广告宣传，应确保覆盖不小于 5%。充分利用报刊、广播、电视、网络、客户端等各种媒体，利用微信、微博等新媒体对普查工作进展进行广泛宣传，应确保2018—2019 年普查宣传网络信息发布条数不少于 50 条，微信推送不低于每周 2 条，普查专栏信息更新不低于 200 条，媒体发布（电视、报纸）普查信息不低于每月 2 次，电子屏宣传不低于 10 块且滚动播放累计不低于 100 小时，电视滚动信息不低于 100 次，条幅宣传不低于 150 处，广告、公告栏宣传不低于 300 处。广泛动员社会力量参与污染源普查，为普查实施创造良好氛围，为普查成果表彰扩大影响力。

4. 质量评估

针对全区工业和生活源、规模化畜禽养殖污染源、集中式污染处理设施、燃气锅炉，行政村和街道，以及北京市要求的补充专项调查挥发性有机物的补充源、生活相关氨排放源和非道路移动专项源的入户调查工作派专员开展现场跟踪校核，协助乡镇和区普查机构开展质量评估、数据抽查审核等工作，建立数据质量评估机制，制定普查数据层级审核制度和责任制度，对第三方现场监测数据和检测结果按比例进行抽样质量控制检测，并对检测结果进行质量评价；针对各乡镇入户调查填报的数据，进行技术审核。编制质量审核、质量控制，阶段性工作要求和部署、质控的相关管理和技术文件。撰写质量评估报告。具体要求如下：

协助通州区污染源普查办公室开展普查数据审核，按照《关于做好第二次全国污染源普查质量核查工作的通知》（国污普〔2018〕8 号）（以下简称《通知》）有关要求，进行污染源普查质量核查。针对各乡镇入户调查填报的数据，进行技术审核，对其准确性、合理性进行判断，及时发现数据中存在的错误，以便在早期发现问题，及时调查补充。按《通知》要求抽选乡镇街道、工业园区或区域等，重点对生活源锅炉、工业企业、畜禽养殖场等普查情况开展现场抽查和质量核查。现场检查普查对象是否全覆盖、普查表填报是否规范合理、数据是否符合逻辑等。

对全区污染源普查数据报表进行校核。将通过初核的污染源普查数据录入数据库，并由技术人员开展第二轮在线数据逻辑性审核。不符合要求的单位重新普查，修改至符合要求后陆续补充，确保普查数据与基本单位名录库一致。

撰写质量评估报告。根据国家有关技术要求，基于各调查单位已有监测数据和调查采集到的相关活动水平数据，通过监测法、产排污系数法、物料衡算法等方法，分工序、分节点对全区工业源、农业源、生活源、集中式治理设施开展污染物产排量核算。结合清查、入户调查、监测、专项调查及质量评估相关成果，编制《通州区第二次全国污染源普查技术成果报告》。

5. 专项调查

根据第二次全国污染源普查导向和政策要求，制定工作方案，满足国家、北京市和通州区的具体工作任务量，经区普查办同意后实施。协助北京市和通州区普查办开展专项补充源调查，主要包括（但不限于）挥发性有机物补充源（植物源 VOCs、日用消费品 VOCs、沥青混凝土生产和铺路过程 VOCs）、生活相关氨排放源和非道路移动专项源机械活动强度进行专项调查，根据需求开展数据收集、观测、采样、分析、系数核算等工作。编制《通州区第二次全国污染源普查专项源普查技术报告》。

6. 信息系统建设与维护

对全区污染源普查数据进行分析整理，基于污染源基本单位名录库，建立通州区污染源普查数据库，并进行信息化建设，通过专网与国家数据采集与上报系统安全对接。在污染源普查数据库的基础上，开发污染源数据管理信息系统，服务于通州区环保局对全区污染源的信息化管理，应至少包含普查数据上传下载、整理加工、分类汇总、统计分析、在线展示、可视化发布、清单构建、档案管理等功能模块，确保与通州区现有信息平台无缝对接，为后续大气、水、土壤、固废环境监管与专业分析提供信息化基础。

分源、分行业、分要素绘制高精度污染源数量数据分布图集（均为矢量图），形成污染源分布图、污染总量分布图（流域、区域、行业）、风险分布图、污染趋势图等空间分布图幅。与环保局的信息系统对接，形成高质量的普查数据成果二次开发与利用平台，提交相应的建设方案、平台用户手册、成果利用方案。提供 2018—2019 年为期两年的系统维护服务。

7. 普查试点乡镇

根据北京市下发的试点乡镇任务，开展和完成市一级普查试点乡镇的普查工作，做好试点乡镇的普查技术指导、工作支持、人员培训和协助，按照普查试点的工作进度完成相关工作任务。包含（但不限于）对普查人员配置、入户方案、工作量及进度安排、宣传动员效果、现场填表、数据审核、质量控制、数据汇总、绩效跟踪、普查相关报告等各环节及流程的合理性、有效性、校验抽样调查比例等进行检验，出具普查试点工作报告。

8. 档案管理

配合区普查办做好清查阶段、普查阶段和成果校核、普查验收等各阶段的档案管理工作。负责普查期间档案电子版、纸质版的存档、归类、等级划分，健全档案管理制度，确保档案完整存档。制定通州区污染源普查档案管理办法，明确清查阶段、普查阶段、验收阶段的档案管理内容名录和管理规定，做好各个环节的电子版和纸质版的档案收集、交接、编号和存储工作。

9. 其他

国家和北京市污染源普查办要求的满足验收条件必须开展的其他相关技术服务和咨询服务。

拟要求提交的工作成果包括：

① 通州区第二次全国污染源普查文献汇编（含各阶段的组织管理、制度文件、技术规范、管理与技术汇总资料等）；

② 通州区第二次全国污染源普查技术报告（含各阶段的技术文件、技术指南等）；

③ 通州区第二次全国污染源普查培训教材（含工作手册、培训资料、软件系统等）；

④ 通州区第二次全国污染源普查工作报告（含阶段总结报告、分流域区域行业等各专项调查报告）；

⑤ 通州区第二次全国污染源普查图册（满足成果发布和成果再开发需求）；

⑥ 通州区第二次全国污染源普查数据管理与信息平台（含软件平台、数据库、用户需求报告、软件使用说明、软件培训手册等，并提交通州区第二次全国污染源普查成果开发报告，提供为期两年的系统维护服务）；

⑦ 通州区第二次全国污染源普查档案资料及管理制度（含纸质版、电子版材料、现场照片汇总、会议纪要、宣传材料、档案索引等）。

具体进度要求：

➤ 2018 年 6 月底前，结合国家和北京市的最新制度要求，制定和修订通州区第二次全国污染源普查工作实施方案，包含清查建库、清查校核、入户调查、技术培训、整体宣传、质量控制、责任机制、进度安排、后勤保障、人员组织、管理机制、档案管理、经费管理等详细组织实施方案和工作计划，以及配套制度文件；组织开展普查员和普查指导员技术培训和考核，协助区普查办向北京市普查办上报普查员名录，完成登记造册，提交对应的阶段性合同成果；

➢ 2018 年 7 月底前，组织开展普查员和普查指导员系列技术培训，协助乡镇开展针对普查对象的宣贯与普查培训，培训内容涉及入户调查内容和对象、普查报表填报、普查组织形式、普查入户调查组织纪律要求、普查软件的使用、普查对象的责任和义务、时间节点与进度要求、普查员和普查指导员内部组织管理机制等；组织开展通州区第二次污染源普查入户调查系列宣传活动，落实全区宣传点位；开展通州区污染源普查软件需求分析，提交对应的阶段性合同成果；

➢ 2018 年 10 月底前，协助区普查办统筹协调全区工业源、农业源、生活源、集中式污染治理设施的入户调查工作，合理安排调度各普查小组的工作量，阶段性组织召开全区范围内普查工作调度会，技术指导组与市普查办密切衔接，按照市普查办的质控要求和进度要求，全程掌握入户调查进度和数据质量情况，完成相应质控单填报，开展二次抽查校核工作，对普查过程中出现的问题及时反馈，形成普查工作进度汇报机制；协助市普查办开展入河排污口取样检测；组织开展专项补充源和移动源的调查、观测和取样检测工作；大力推进宣传工作，在全区各乡镇街道完成入户宣传；组织开展通州区第二次全国污染源普查数据管理平台开发工作，提交对应的阶段性合同成果；

➢ 2018 年 12 月底前，根据国家和北京市的质量核查要求和系数核算方法，对普查数据进行质量校核、抽查、核算等质控工作，相关质控工作全过程形成工作记录，对于审查不合格或有问题的数据及时反馈给普查小组和相关普查指导员，要求其重新进行入户填报，形成通州区第二次全国污染源普查质量核查报告，确保满足北京市普查办的要求；开展通州区第二次全国污染源普查数据管理平台安装工作，提交对应的阶段性合同成果；

➢ 2019 年 6 月底前，协助通州区普查办开展普查工作成果汇总、提交、编纂、归档、考核等工作，根据北京市普查办相关要求完成具体通州区普查验收工作；大力开展通州区第二次全国污染源普查成果宣传和表彰工作，力争获得国家和北京市层面的支持；开展通州区第二次全国污染源普查成果数据分析工作，形成技术报告，提交对应阶段性的合同成果；

➢ 2019 年 9 月 23 日前，协助通州区普查办完成普查验收和成果上报工作，协助通州区普查办完成最终的信息归档和必要的普查成果二次开发应用支持工作，提交最终的合同成果。

第2章 污染源普查目标和原则

2.1 总体要求

以习近平新时代中国特色社会主义思想为指导，全面贯彻党的十九大精神，坚决打好污染防治攻坚战，持续改善生态环境质量，满足人民日益增长的优美生态环境需要。以环境质量为核心，按照源解析结果、断面超标因子和质量标准筛选普查主要污染物；根据影响环境质量主要污染物确定要调查的污染源；摸清主要污染物和污染源分布及基本信息，核定排放量，建立排放清单；为建立污染源—排放信息—排放清单—环境质量—污染物关联响应关系提供支撑，如图 2-1 所示。

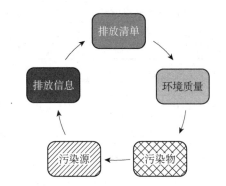

图 2-1 第二次全国污染源普查总体思路（来源：国家普查文件）

2.2 工作目标

2.2.1 总体目标

严格按照国家、北京市关于第二次全国污染源普查的要求，全面有序稳步推动通州区污染源普查工作，摸清通州区辖区内各类污染源基本情况；针对通州区工业和生活源、规模化畜禽养殖污染源、集中式污染处理设施、燃气锅炉、行政村和街道、入河排污口，以及基于北京市环境质量改善为目标的城市管理和污染防治需要增加的相关专项补充源进行系统全面的部署和实施调查，开展全面调查或抽样调查，识别各类污染源数量、结构和分布状况，掌握所辖范围内区域、流域、行业污染物产生、排放和处理情况；健全重点污染源档案、污染源信息数据库和环境统计平台；保障顺利完成国家和北京市对本次普查的校核、评估和验收工作；为加强通州区污染源监管、改善环境质量、防控环境风险、服务环境与发展综合决策提供依据。

2.2.2　具体目标

本次通州区第二次全国污染源普查工作的具体目标包括如下三个方面：

① 完成国家和北京市第二次全国污染源普查硬性任务：履行区级普查办普查职责，完成包括工业污染源、农业污染源、生活污染源、集中式污染治理设施、移动源，以及北京市相关专项补充源的普查工作，如表 2-1 所示。

表 2-1　通州区第二次全国污染源普查硬性任务工作目标

序号	类别	性质	调查对象和范围	调查方法	普查方法
1	工业源	固定源	工业行业产业活动单位	发表调查/监测	多法核定
2	农业源	固定源	规模化畜禽养殖场和工厂化水产养殖场和养殖户	发表调查	多法核定
		分散源	非规模化畜禽养殖、水产养殖业、种植业	数据共享/抽样（发表调查）	多法核定
3	生活源	固定源	生活源锅炉	发表调查	排放系数
			市政入河（湖）排污口	调查监测	多法核定
		分散源	城镇和农村居民生活源	数据共享/抽样	多法核定
4	集中式污染治理设施	固定源	集中污水处理设施，垃圾填埋场（含临时场）、处置厂、危险废物处理处置厂，集中废气处理设施	发表调查/抽样	多法核定
5	移动源	移动源	机动车保有量、活动水平和活动特征等	数据共享/抽样	排放系数
			各类非道路移动污染源保有量、燃油消耗、活动水平等	数据共享/抽样	排放系数
6	专项源	固定源	农村公共卫生厕所、粪污消纳站	数据共享/抽样	多法核定
			沥青混凝土搅拌站	数据共享/抽样	多法核定
			干洗企业及干洗机	数据共享/发表调查	多法核定
			大型连锁销售企业含有机溶剂类日用消费品	数据共享/发表调查	多法核定
			园林绿化和森林资源	数据共享	排放系数

② 做好保障验收通过的相关准备工作：积极调配普查力量，严格执行普查进度，明确时间节点，加强宣传报道，做好宣传动员，落实普查技术路线，确保普查全过程质量控制和多级审核机制，扎实数据分析和普查技术报告编制，完善普查档案管理，切实做好保障普查验收通过的各项工作。

③ 做好污染源普查成果开发转化应用：密切结合通州区区域发展定位和环境保护目标，基于通州区环境管理工作实际需求，整理提炼本次污染源普查成果，构建普查信息系统，强化普查成果数据加工利用，以达到将本次普查成果切实应用于区环境质量改善和风险管控的目标。

2.2.3　年度目标

2018 年目标：完成通州区第二次全国污染源普查前期筹备、组织、宣传、清查与全面普查工作，完成工业和生活源、规模化畜禽养殖污染源、集中式污染处理设施、燃气锅炉、入河排污口、行政村和街道，以及北京市相关专项补充源的清查、普查、填表、录入、核查、质控、审核、汇总、上报、建库工作。

2019 年目标：完成通州区第二次全国污染源普查成果分析、总结发布、验收表彰、应用转化等工作。

2.3　工作原则

2.3.1　问题导向，以用为体

以通州区环境保护面临的主要问题为出发点，着重关注环境质量—污染物—污染源的关联响应关系，针对污染物、污染源，尽量全面覆盖调查领域，解决改善环境质量所面临的整体性问题。

2.3.2　分类指导，突出重点

按照工业源、农业源、生活源、集中式污染治理设施、移动源、专项源等污染源类型分类制定普查方案，依据不同污染源特征采取不同的普查方式，突出重点污染源与现场监测目标，确保固定源查全、查实、查细。

2.3.3 严格质控，力求真实

建立普查全过程质量控制机制和措施，建立普查对象自审—普查员初审—普查指导员复核—普查办抽查的全员控制机制，科学执行质量核查方法，建立普查督察督办机制，力求普查数据真实可靠。

2.3.4 明确范围，有限目标

依据全区污染源体量和类型明确普查范围，确保普查目标切实可行。查不清不查（如扬尘）；量大面广、投入大且能够统一监管的，采取已有数据获取和抽样调查方式为主（如部分服务业）；移动源可采取活动水平及流量调查、数据共享及获取与产排污系数结合的方式。

2.3.5 统筹指挥，发挥合力

由通州区第二次全国污染源普查领导小组办公室统一领导，区各部门分工协作，各乡镇街道普查机构分级负责，鼓励第三方机构参与，建立多方参与、协调合作机制，共同做好通州区污染源普查工作。

第3章 污染源普查对象和内容

根据《国务院关于开展第二次全国污染源普查的通知》（国发〔2016〕59号）的统一要求，本次普查标准时点为2017年12月31日，时期资料为2017年度资料。北京市通州区普查对象为辖区内有污染源的单位和个体经营户。范围包括：工业污染源，农业污染源，生活污染源，集中式污染治理设施，移动源及其他产生、排放污染物的设施。

3.1 普查对象

3.1.1 工业污染源

1. 工业企业

工业源普查对象为产生废水污染物、废气污染物及固体废物的所有工业、行业、产业活动单位。根据2015年"环保大检查"及通州区部分企业退出后的最新更新成果，通州区现有工业源共涉及国民经济行业28个行业类别，其中重点污染源10余家。主要包括行业类型有：化学原料和化学制品制造业、家具制造、金属制品、机械电子、汽修等。

由于2011年规模以上统计端口发生变化，因此通州区2005—2016年规模以上工业企业的数量出现断层，但2011年以后，通州区大力提升产业结构，淘汰落后产能和产业退出后，使得工业企业总数量呈现下降趋势。特别是2016年大量工业企业调整退出后，规模以上工业企业总数大幅度减少。

2. 工业园区

对通州区区级以上工业园区（产业园区）实行登记调查。

3. 加油站

根据《北京市通州区统计年鉴（2016）》中全区2015年柴油消耗量、北京市统计局给出的通州区汽油年消费量数据，对比通州区 2015 年加油站填报汽油消费量实际数据，进行统计。

3.1.2 农业污染源

农业污染源普查范围包括种植业、畜禽养殖业和水产养殖业。通州区种植类型主要包括冬小麦、春玉米、春季菜田、设施农业和果园，农业面源以潞县、西集、永乐店、于家务等乡镇为主。

3.1.3 生活污染源

本次普查对象为除工业企业生产使用以外的所有单位和居民生活所使用的锅炉（以下统称生活源锅炉）。城市市区、县城、镇区的市政入河（海）排污口，以及城乡居民能源使用情况，生活污水产生、排放情况。

1. 生活服务类污染源

通州区现有生活服务类污染源主要包括学校、餐饮、医院、银行、超市等生活服务企业设施。生活服务类污染源主要排放污染物种类包括进入市政管网或地表水的生活污水，其中，餐饮行业会产生 VOCs 排放，医院会产生医疗垃圾危险废物。

2. 餐饮生活源

通州区现有规模餐饮企业主要集中在城区 4 街道和潞城镇。

3. 生活源锅炉与能源使用

根据 2014 年通州区统计年鉴，全区公共机构及限额以上非工业单位能源消耗总量 37.9 万 t 标准煤，其中，煤炭消耗总量 15.95 万 t，电力消耗总量 6.15 亿 kW·h，汽油 2.74 万 t，柴油 3.2 万 t，液化石油气 1 615 t，天然气 3 140 万 m^3，热力 169.32 GJ。

4. 城镇及农村入河排污口

通州区小流域主要分布在潞县镇、宋庄镇、台湖镇等镇，其中，台湖镇小流域条数最多。从小流域类型上看，以区间型小流域居多，占全区 48.19%，完整型小流域数量最少。通州区主要以人工灌渠形成各类区间型小流域。通州区共有河流 26 条，其中市管河流 3 条，分别为北运河、潮白河、温榆河，区管河流 23 条。

根据 2017 年通州区排污口统计结果显示，全区雨污排水总量为 6.05 万 t/d，其中治理后排水量占总排水量的 30%。随着农村治污及黑臭水体的治理，此排污口数量已发生变化。

3.1.4　集中式污染治理设施

本次普查对象为集中处理（处置）生活垃圾、危险废物和污水的单位。其中：

生活垃圾集中处理（处置）单位包括生活垃圾填埋场、生活垃圾焚烧厂以及以其他方式处理生活垃圾和餐厨垃圾的单位。

危险废物集中处理（处置）单位包括危险废物处置厂和医疗废物处理（处置）厂。危险废物处置厂包括危险废物综合处理（处置）厂、危险废物焚烧厂、危险废物安全填埋场和危险废物综合利用厂等；医疗废物处理（处置）厂包括医疗废物焚烧厂、医疗废物高温蒸煮厂、医疗废物化学消毒厂、医疗废物微波消毒厂等。

集中式污水处理单位包括城镇污水处理厂、工业污水集中处理厂和农村集中式污水处理设施。

1. 固体废物及危险废物集中处理处置设施

通州区固体废物及危险废物集中处理（处置）设施类型主要包括：集中垃圾填埋场（含临时场）、餐厨集中处理设施、生活垃圾焚烧厂、危废处置厂、污泥处理（处置）厂和电子废物处置厂。具体情况如表 3-1 所示。

表 3-1　通州区部分固体废物及危险废物集中处理（处置）场所

序号	名称	乡镇	处置内容
1	北京市通州区西田阳垃圾卫生填埋场	马驹桥	填埋
2	北京环境卫生工程集团一清分公司	台湖	填埋
3	8 家乡镇临时垃圾填埋场		填埋
4	北京润泰环保科技有限公司	永乐店	医疗垃圾焚烧
5	北京一轻百玛仕餐厨垃圾处理厂	台湖	餐厨垃圾
6	华新绿源环保产业发展有限公司	马驹桥	电子垃圾综合利用
7	伟翔联合环保科技发展（北京）有限公司	马驹桥	电子垃圾综合利用
8	通州区污泥无害化处理及资源利用工程	潞城	污泥处置与再生利用
9	张湾再生水厂配套餐厨、污泥处置厂	张湾	

2. 集中式污水处理厂（站）

2016—2017 年通州区新增了一批污水处理厂（站）及临时污水处理设施。截至 2017 年底，城区和乡镇级污水处理厂设计日处理能力约为 38 万 t/d。村级和临时污水处理站设计日处理能力约为 9 万 t/d。

3.1.5 移动源

本次普查对象为机动车和非道路移动污染源。其中，通州区非道路移动污染源包括工程机械、农业机械等非道路移动机械。

截至 2017 年年底，通州区全区机动车保有量 32 万辆。按使用用途分，载客汽车占 78.8%，载货汽车占 12.9%，低速载货汽车占 0.4%，摩托车占 7.9%。排放标准按国Ⅰ前、国Ⅰ、国Ⅱ、国Ⅲ、国Ⅳ和国Ⅴ机动车划分，各占 0.2%、2.6%、8.9%、17.1%、42.8%和 28.4%。

2017 年末全区郊区客运汽车 486 辆；营运出租汽车 2 087 辆。全区货运汽车保有量 2.7 万辆。全区公路里程 2 370 km，共设置有 8 个进京路口。其中，乡道 1 252.8 km；专用公路 53.5 km；村道 553.5 km；区级以上道路共计 510.2 km。

国道上小型客车、大中型客车、轻型货车和大中型货车的平均速度分别为 70 km/h、30 km/h、60 km/h 和 35 km/h；省道上小型客车、大中型客车、轻型货车和大中型货车的平均速度分别为 50 km/h、30 km/h、40 km/h 和 30 km/h；县道上小型客车、大中型客车、轻型货车和大中型货车的平均速度分别为 50 km/h、30 km/h、30 km/h 和 25 km/h。选取通州区道路车流量较高的重要路段、结合不同类型道路和车型构成，选取典型路段进行抽样调查，计算通州区移动源污染排放情况。基于实际道路车流量的机动车年行驶里程为 7.69×10^{9} km/a。

截至 2017 年年底数据统计，通州区现有非道路施工机械、农业机械、专业设备等移动源 5 000 余台（套）。

3.1.6 专项源

根据《北京市第二次全国污染源普查实施方案》要求，基于本市以环境质量改善为目标的城市管理和污染防治需要，结合北京市实际，在国家普查内容的基础上增加相关专项补充调查。国家普查内容以外的专项源主要包括：农村公共卫生厕所、粪污消纳站；沥青混凝土搅拌站；干洗企业及干洗机；大型连锁销售企业销售的含有机溶剂类日用消费品；园林绿化和森林资源。

1. 通州区大型超市及商业中心分布情况

大型超市和商业中心是居民日用消费品采购的主要区域，通过调研这类商场含有机溶剂类日用消费品销售量，结合有关排放系数或计算方法，可以获得通州区日用消费品 VOCs 排放量统计结果。参照美国日用消费品分类标准体系，以及我国《全国重点工业产品质量监督目录（2017 年版）》，初步统计通州区含有机溶剂类日用消费品调查种类共涉及十大类。

2. 通州区园林绿地分布情况

通州区林地主要包括乔木林地、灌木林地、苗圃地等类型。园林绿地作为天然污染源的主要贡献是向大气中排放的挥发性有机物。

根据 2000 年北京市园林绿地普查结果估算，包含通州区在内的郊区县（不包含海淀、朝阳、东城、西城、丰台、石景山）植物源 VOCs 排放总量为 1.02 万 t（以 C 计），主要排放植物为乔木类，杨树、柳树、槐树等排放量较大，灌木排放量较低，草地是主要的萜烯排放源。

3. 通州区干洗店分布情况

通州区干洗店主要分布在城区四个街道、梨园镇、张家湾镇和永顺镇，这四个街道和三个乡镇干洗店占据通州区干洗店总数的 78%。干洗店作为污染源主要产生四氯化碳等溶剂类挥发性有机物，以及含有机溶剂的废水。

3.2　普查内容

3.2.1　工业源普查内容

普查信息包括：企业基本情况、原辅材料消耗、产品生产情况、产生污染的设施情况，各类污染物产生、治理、排放、监测和综合利用情况（包括排污口信息、排放方式、排放去向等），各类污染防治设施建设、运行情况、各类储罐、气柜、堆场信息等。具体普查信息参见《第二次全国污染源普查工业企业污染排放及处理利用情况普查表》。

废水污染物：化学需氧量、氨氮、总氮、总磷、石油类、挥发酚、氰化物、汞、镉、铅、铬、砷。

废气污染物：二氧化硫、氮氧化物、颗粒物、挥发性有机物、氨、汞、镉、铅、铬、砷。

工业固体废物：一般工业固体废物和危险废物的产生、贮存、处置和综合利用情况。危险废物按照《国家危险废物名录》分类调查。工业企业建设和使用的一般工业固体废物及危险废物贮存、处置设施（场所）情况。

3.2.2 农业源普查内容

本次普查对象为种植业源、畜禽养殖业源、水产养殖业源以及地膜、秸秆和农业移动源。其中，种植业源主要包括粮食作物、经济作物和果蔬的主产区的种植情况、肥料和农药使用情况及氮磷流失情况；畜禽养殖业源主要包括猪、奶牛、肉牛、蛋鸡和肉鸡等养殖过程中畜禽粪便产生量和水污染物排放量；水产养殖业源主要包括池塘养殖、网箱养殖、围栏养殖等养殖条件下，鱼、虾、贝、蟹等主要水产品养殖过程中污染物的产生量和排放量；地膜主要包括不同农业区域和不同作物的使用量、残留量、回收利用量及分布特征；秸秆主要包括水稻、小麦、玉米、马铃薯、甘薯、大豆、花生、油菜、棉花、甘蔗等作物的秸秆产生量、可收集量和利用量；农业移动源主要包括农业机械、渔船等非道路移动源。

普查内容有种植业、畜禽养殖业、水产养殖业生产活动情况；秸秆产生、处置和资源化利用情况；化肥、农药和地膜使用情况；纳入登记调查的畜禽养殖企业和养殖户的基本情况；污染治理情况；粪污资源化利用情况。

废水污染物：氨氮、总氮、总磷、畜禽养殖业和水产养殖业增加化学需氧量。

废气污染物：畜禽养殖业氨、种植业氨和挥发性有机物。

本次借鉴第一次全国污染源普查经验，以已有统计数据为基础，确定抽样调查对象，开展抽样调查，获取普查年度农业生产活动基础数据，根据产排污系数核算污染物产生量和排放量。

农业污染源普查内容重点包括种植业源、畜禽养殖业源、水产养殖业源、地膜、秸秆五个方面，同时提供与污染核算相关的非道路农业机械和渔船数据，开展种植业及畜禽养殖业废气污染物排放核算和典型流域农业源入水体负荷研究等工作。其中：

① 种植业源。开展生产情况，农药、肥料使用情况调查；开展总氮、总磷、氨氮等涉水污染物流失量监测。

② 畜禽养殖业源。开展畜禽种类、养殖情况、粪污产生和处理情况调查；以养殖场和养殖户为单元，开展粪便污水产生量、化学需氧量、总氮、总磷、氨氮等涉水污染物产生量和排放量监测。

③ 水产养殖业源。开展养殖方式、养殖模式、养殖产量、养殖面积，以及饲料、肥料、渔药等投入品使用情况调查；以水产养殖场和养殖户为单元，开展养殖换水量及化学

需氧量、总氮、总磷、氨氮等涉水污染物产生量和排放量监测。

④ 地膜。开展不同农业区域、不同作物的地膜使用量、覆盖周期、覆膜种植比率、田间覆盖率、覆盖作物类型及方式等基本信息调查；以典型地块为单元，开展农田地膜当季残留量、累积残留量监测。

⑤ 秸秆。开展不同作物种类、不同区域的产生量、可收集量，以及秸秆肥料化、能源化、饲料化、基料化和原料化利用量调查；以典型地块为单元，开展秸秆草谷比、秸秆可收集量监测。

3.2.3　生活源普查内容

普查内容有生活源锅炉基本情况、能源消耗情况、污染治理情况，城乡居民能源使用情况，城市市区、县城、镇区的市政入河（海）排污口情况，城乡居民用水排水情况。

废水污染物：化学需氧量、氨氮、总氮、总磷、五日生化需氧量、动植物油。

废气污染物：二氧化硫、氮氧化物、颗粒物、挥发性有机物。

3.2.4　集中式污染治理设施普查内容

普查内容有单位基本情况，设施处理能力、污水或废物处理情况，次生污染物的产生、治理与排放情况。

废水污染物：化学需氧量、氨氮、总氮、总磷、五日生化需氧量、动植物油、挥发酚、氰化物、汞、镉、铅、铬、砷。

废气污染物：二氧化硫、氮氧化物、颗粒物、汞、镉、铅、铬、砷、垃圾处理厂恶臭。

污水处理设施产生的污泥、焚烧设施产生的焚烧残渣和飞灰等的产生、贮存、处置情况。

3.2.5　移动源普查内容

普查内容有各类移动源保有量及产排污相关信息，挥发性有机物（碳氢化合物）（船舶除外）、氮氧化物、颗粒物排放情况，部分类型移动源二氧化硫排放情况。

3.2.6　专项源普查内容

结合北京市普查方案总结需要开展的专项源主要包括农村公共卫生厕所、粪污消纳站；

沥青混凝土搅拌站；干洗企业及干洗机；大型连锁销售企业销售的含有机溶剂类日用消费品；园林绿化和森林资源。各类专项源普查内容如表 3-2 所示：

表 3-2　专项源普查内容

专项源所属类型	专项源主题	普查内容
生活源	农村公共卫生厕所	数量、分布、居民户数、人口、使用情况、改造情况、污染物产生排放情况；NH_3、挥发性有机物、固废产生和排放量、粪污资源化利用情况
	粪污消纳站	数量、分布、处理处置和粪污资源化利用情况；基本信息、处理工艺、实际处理量、恶臭气体的控制措施；NH_3、COD、挥发性有机物、固废产生和排放量
	干洗企业及干洗机	企业基本情况、经营情况，原辅料，废水和废气产生和排放情况、污染治理设施；挥发性有机物；溶剂类废水
	含有机溶剂类日用消费品	商场集中进货和销售情况；活动水平、使用量、含量浓度监测等；挥发性有机物
移动源	沥青混凝土搅拌站	城市道路养护工程施工现场临时搭建的沥青混凝土搅拌站企业名录、企业名称、位置、使用数量等；挥发性有机物、颗粒物

3.3　普查工作要点

3.3.1　编制普查方案

编制污染源普查工作、实施方案和相关管理要求的文件。开展污染源普查前期调研，收集相关资料；制定普查方案、技术方案、质量控制方案、宣传培训方案等；印刷普查表、宣传材料，开展宣传培训等前期工作。根据《第二次全国污染源普查方案》和《北京市第二次全国污染源普查实施方案》，编制通州区第二次全国污染源普查实施方案，明确目标任务、具体技术路线、部门分工、时间节点等。制订通州污染源普查的具体实施计划，细化安排此次调查包含的工业污染源，农业污染源，生活污染源，集中式污染治理设施，移动源及其他产生、排放污染物的设施等各类污染源调查的清单、图件编制工作。

根据国家和北京市要求，通州区第二次全国污染源普查实施方案经区污染源普查领导小组审定后报北京市第二次全国污染源普查领导小组备案后印发实施，2018 年 3 月底前完成。编制通州区第二次全国污染源普查宣传工作方案，2018 年 3 月底前完成。2018年底前，根据普查实施方案和工作进度制订 2019 年年度工作计划。

通州区第二次全国污染源普查实施方案及配套文件目录见第 9 章。

3.3.2 配置设备场所

组建普查工作办公室，落实办公条件。为保证工作正常开展，需租用办公室（目前环保局办公条件不足），租用办公面积预计 240～300 m²（资料室 50 m²、会议室 50 m²、机房 50 m²、办公室 150 m²），时间从 2018 年 3 月至 2019 年 12 月，为期 22 个月。

购置普查数据传输设备。通州区第二次全国污染源普查综合小组预计工作人员 20 人。办公设备主要包括用于信息平台建设需要的服务器、保密电脑、手持终端、无线网络卡、网络设备等；用于普查数据采集和分析应用的电脑设备等。需配备相应的办公用品，包括桌椅、文件柜等办公家具，和壁挂式空调、柜式空调、传真复印扫描一体机、打印机、照相机、录音笔、投影仪等办公设备。

3.3.3 人员机构配置

区政府成立通州区第二次全国污染源普查领导小组及其办公室，在 2017 年 11 月底前完成普查领导小组及其办公室的组建，明确领导小组成员单位的职责。区环保局内部要成立专门机构，抽调素质高、能力强的人员专职负责污染源普查工作。将普查机构组建等相关文件及时报送北京市普查领导小组办公室，将普查工作办公室主任、副主任、联络人的姓名及联系方式报送市普查办。区污染源普查领导小组及其办公室主要包括后勤保障组、联络办公室、技术指导组、宣传培训组、现场普查组、质量控制组和数据审核组。各部门组成形式与机构配置如图 3-1 所示。

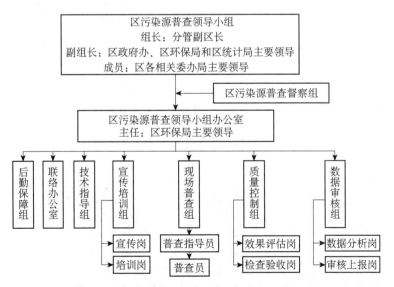

图 3-1 区污染源普查领导小组及其办公室组织结构

普查办共计约20人（不含普查指导员和普查员），各组成员人数及主要职责见表3-3。

表3-3 区污染源普查领导小组办公室成员及主要职责

小组名称	岗位名称	岗位人数	主要职责
联络办公室 （综合组）	—	3	• 协调联系区普查领导小组、市普查领导小组、乡镇普查机构、第三方单位、专家组等各方组织协调工作； • 负责普查员和普查指导员在册登记、上岗证制作、向市普查办备案等； • 配备办公场所和办公设备，前期筹备，办公室人事管理，会议和培训场所落实，经费落实，收发办公文件，合同和办公档案整理
后勤保障组	—	3	• 普查期间各类财务管理，落实各类交通和通勤、办公食堂/餐饮； • 协助宣传组准备相关宣传材料、开展网络舆论监督和舆情管理，培训与会议后勤保障，办公室设备及相关普查设备设施维护，网络和服务器维护等
技术指导组	—	3	• 负责各项方案、管理和技术文件、技术交底、技术合同等技术相关材料审核； • 负责和指导普查过程中的专业技术审核，如调查内容核定、普查数据核算等； • 组织和指导编写各类普查技术报告、数据分析报告、图册图表； • 负责与普查数据库和管理平台建设单位进行沟通，提出用户需求，协助提供数据库和平台建设必需的技术指导和相关数据资料等，审核平台建设方案
宣传培训组	宣传岗	3	• 负责普查前期、中期和后期宣传工作，包括确定第三方宣传合作机构、宣传方案制定、宣传册和海报设计、宣传选址、标语横幅定制、纪念品定制、宣传材料制作、宣传内容编辑、微博微信公众号维护和定期推送、表彰和成果宣传等
	培训岗	2	• 组织召开各类普查培训和会议，包括普查启动会、普查指导员培训会、普查员培训会、阶段性培训会；负责邀请培训专家、办理普查员和指导员报名等手续； • 组织乡镇开展针对普查对象的宣贯和培训；负责编写、印制、发放培训材料
现场普查组	普查指导员	50	• 参加针对普查指导员的相关培训； • 参与同领导小组各成员单位沟通、协调和资料收集工作；参与数据整理、分析工作；负责清查数据的复审、普查数据的复审、汇总工作；协助确定现场监测对象和点位，指导开展抽样调查和现场监测
	普查员	500	• 参加针对普查员的相关培训； • 填写、录入、初审清查表格； • 开展入户调查，填写、录入、初审各类普查表； • 协助开展现场监测、取样、记录、送检等

续表

小组名称	岗位名称	岗位人数	主要职责
质量控制组	效果评估岗	1	● 开展普查效果评估，与第三方服务机构共同结合普查全过程、共享数据、入户调查数据、现场监测数据、抽样调查数据、产排污系数、成果产出、宣传效果等进行综合分析，在技术指导组的指导下编制数据分析报告和效果评估报告，为普查验收做准备
	检查验收岗	1	● 开展普查全过程质量控制和审查，包括进度控制、流程控制、组织保障、质量监督、成果产出监督审核、数据抽查等；协助第三方项目审计单位开展项目审计和审查工作，配合协调相关岗位提供必要的材料；负责组织普查项目的最终验收、材料汇总归档、提交备案等
数据审核组	数据分析岗	2	● 在技术指导组的指导下，与第三方服务机构共同开展：清查数据分析、划区、企业基本名录库建立，编制清查报告； ● 针对普查数据进行抽查、结合产排污系数核验、分析、提炼必要的普查数据，编制普查技术报告等工作
	审核上报岗	2	● 负责共享数据和收集资料的审核整理，负责清查数据审核、普查数据终审，完成数据汇总、审核、上报工作

3.3.4 开展清查工作

根据《第二次全国污染源普查清查技术规定》和《北京市第二次全国污染源普查实施方案》具体要求，清查建库为本次普查的第二阶段。清查的目的为摸清工业企业、规模化畜禽养殖场、集中式污染治理设施、生活源锅炉和市政入河（海）排污口等调查对象基本信息，建立通州区第二次全国污染源普查企业基本单位名录，为全面实施普查做好准备。

试点乡镇和街道于2018年5月中旬前完成清查工作，建立辖区内普查基本单位名录；其他乡镇和街道于2018年6月底前完成清查工作，建立辖区内普查基本单位名录。

清查工作要点主要包括以下几方面：

① 开展对各排污单位的清查，在污染源普查调查单位名录库筛选的基础上，开展辖区普查清查工作，建立普查基本单位名录库：清查工作主要通过与区普查领导小组各相关成员单位进行协调沟通、数据共享，对获取的数据、信息和资料底图等进行处理和分析，对企业名录库进行更新、调整、筛选，填写清查表，形成各乡镇普查基本单位名录库和普查分区；

② 建立入河排污口名录，开展排污口调查和水质水量监测：获取相关部门最新入河排污口及其水质水量排放数据，初步开展调查监测，分别于4—5月（旱季）和6—8月（雨季）开展两次排污口水质水量现场监测；

③ 开展全市锅炉调查，建立锅炉台账：基于已有生活源锅炉清单开展核查与筛查，确定入户调查台账与分区；

④ 移动源调查清单获取，通过与交通等相关部门沟通和数据共享，获取通州区移动源活动水平和流量等信息，筛选移动源重点监控分区和重点调查道路，确定移动源普查清单；

⑤ 专项源调查清单获取，通过与相关部门沟通和数据共享，获取各类专项源活动水平、保有量、分布信息等最新资料和数据，分类别筛选建立专项源普查清单名录。

各类污染源清查表、清查对象和范围、清查要求等规定，参照《第二次全国污染源普查清查技术规定》执行。

3.3.5　普查员、普查指导员聘用与培训

根据《北京市第二次全国污染源普查实施方案》进度安排，在 2018 年全面普查阶段开展普查员和普查指导员的选聘与培训工作。据此提出通州区普查员和普查指导员聘用与培训具体工作内容和时间节点。

2018 年 4 月，启动 500 名普查员招聘工作，启动 50 名普查指导员招聘工作，聘用时间 4 个月，普查指导员参与市级普查培训，普查员参与区级普查培训。参与试点普查、污染源清查、污染源入户普查、数据填报等工作；

2018 年 5 月，召开通州区普查启动工作会议，举办试点培训、普查员培训。培训内容包括普查实施方案、普查内容和对象、技术路线、普查基本单位名录库、分类针对手持移动终端、电子表格和纸质表格的填写、录入、审核、汇总、现场核查，普查数据计算等内容，计划培训期 2 天，参与人数 600 人；

2018 年 6—8 月，根据普查进度分阶段召开普查员针对性培训、继续培训和针对普查对象的宣贯培训，参与市普查办举办的相关培训。

除参加北京市和通州区规定的必要培训外，区普查办应积极派员参加国家组织的各类技术培训，并聘请行业专家和第三方专业机构将普查的相关技术要求及时对通州区普查员和指导员进行培训，并对在此后的工作中出现的问题进行指导和答疑。

根据《北京市通州区第二次全国污染源普查普查员和普查指导员选聘及管理工作办法》，提出普查员和普查指导员的具体职责：

（1）普查员的职责

① 负责向普查对象宣传污染源普查的目的、意义、内容，提高其对污染源普查工作的认识；解答普查对象在普查过程中的疑问，无法解答的，及时向普查指导员报告。

② 负责入户调查，了解普查对象基本情况，按照普查技术规范，通过询问、协助和指导普查对象等方式完成普查表填写，对有关数据来源以及报表信息的合理性和完整性进行现场审核，并按要求上报。

③ 配合开展普查工作检查、质量核查、档案整理等工作。

④ 积极参加业务培训。

⑤ 完成区普查办和普查指导员交办的其他工作。

（2）普查指导员的职责

① 按照通州区第二次全国污染源普查工作实施方案，对普查员进行指导，及时传达普查工作要求，与乡镇街道普查机构确认下属普查员入户调查行程安排或参加培训计划等。

② 协调负责片区内的普查工作，了解并掌握工作进度和质量，及时解决普查中遇到的实际问题，对于不能解决的问题要及时向通州区普查办报告。

③ 负责对普查员提交的报表进行审核。对存在问题的，要求普查员进一步核实并指导普查对象进行整改。

④ 负责对入户调查信息进行现场复核，复核比例不低于 5%。对于复核中发现的问题，要求相关人员按照有关技术规范进行整改。

⑤ 完成通州区普查办交办的其他工作。

3.3.6 乡镇街道试点

选择两个乡镇和街道制定普查试点方案。包括试点方案设计、工作布置、动员宣传、清查建库、入户调查、现场核查、数据审核、数据汇总、工作评估等工作的部署与安排。

2018 年 5—6 月，组织开展普查清查与试点，包括填写清查表、收集共享数据和相关资料、建立普查基本单位名录库、清查数据核查与质量管理。根据统一部署，组织开展试点准备、入户调查、质量控制、填表录入、数据核查、汇总分析、试点总结等工作。

根据《第二次全国污染源普查试点工作方案》和《北京市第二次全国污染源普查实施方案》对普查试点工作的要求，结合通州区实际情况，要求试点乡镇和街道：

2018 年 4 月中旬以前完成普查员、普查指导员选聘等工作；

2018 年 5 月中旬以前完成普查清查，核定本辖区内污染源普查基本单位名录；

2018 年 6 月底前完成入户调查、数据填报录入、审核汇总、数据质量核查、数据上报等工作；

2018 年 7 月中旬完成试点工作总结和验收。

试点乡镇和街道的主要普查内容包括探索污染源清查表填写、普查单位名录的构建、入户调查、专业监测、系统使用、填报数据、数据审核、质量核查等工作流程和工作形式相关经验，总结第三方机构与乡镇街道普查机构协作、区普查领导小组各成员单位与乡镇街道普查机构沟通合作的有效组织实施形式，摸清乡镇、街道清查与入户调查工作量、普查员与普查指导员数量与区域分配合理性等内容。普查试点乡镇和街道应当具有重点污染源集中或代表意义，积极参与市级和区级普查办前期普查培训和宣传工作，对其他乡镇和街道普查工作的全面开展起到示范作用。通过先行先试，完善适合通州区的普查制度和数据信息系统，理顺普查程序，加强普查宣传和培训工作，为开展全区全面普查夯实基础。

3.3.7　开展入户调查

在总结试点调查工作经验的基础上，全面启动普查工作，2018 年 5 月召开普查启动工作会议。组织实施入户调查、数据填报、录入、上传、审核、验收、数据汇总分析等普查工作，召开普查中期总结会，召开继续培训；组织开展各环节普查质量控制；借助购买第三方服务和信息化手段，提高普查效率；建立有效的沟通汇报机制，对手持移动终端、电子表格、纸质表格的填写上报等技术问题及时汇报。同时继续做好宣传工作。

2018 年 7—9 月，安排工业源普查员、畜禽养殖源普查员开展入户调查，对重点污染源、具有重点排污口的工业企业和规模以上畜禽养殖企业开展废水和废气现场采样检测；

2018 年 7—8 月，配备村委会、街道、集中式污染处理设施普查员共计 200 名，开展餐饮、干洗店等生活源和集中式污染治理设施入户调查，对集中式污染源开展废水和废气的现场采样监测，补充部分生活燃气锅炉的入户调查和入河排污口采样监测工作；

2018 年 8—9 月，农业部门开展农业源普查；

2018 年 8—9 月，开展其他补充源调查；

2018 年 9—10 月，开展移动源调查；

2018 年 11—12 月，完成对入户调查数据的汇总、分析、审核和复核工作，各乡镇普查机构对指导员复核后的数据进行汇总和质量核查并上报区普查办，区普查办审核复核后，形成数据分析报告和质量核查报告。对完成质量核查的数据进行终审和上报市级普查信息系统。

3.3.8　污染普查现场监测

污染普查现场监测包括废水排污口监测、恶臭废气监测、污水处理厂污泥监测、非点源调查监测、机动车流量与污染排放监测、普查监测数据处理与成果展示 6 个方面的内容。废水排污口监测是本次普查明确提出要求的专项监测任务，恶臭、污泥监测是补充常规监测不足开展的全指标监测，非点源监测是对 2007 年污染源普查成果的更新。如表 3-4 所示为初步估算现场监测项目及数量。

表 3-4 现场监测项目及数量

监测项目 污染源	环境空气样品监测数量	水环境样品监测数量
工业重点污染源		
集中式污染治理设施		
入河排污口		
非点源水污染调查监测		
畜禽养殖企业		

1. 全区废水排污口监测

根据《北京市第二次全国污染源普查实施方案》要求，排污口废水监测将根据城镇地区排污口清查结果，筛选水环境问题突出的河段，监测排污口的废水污染物浓度，监测项目包括常规污染物和有机物、重金属等特征污染物。摸清全区直排废水的水质特征，为排放量核算和来源分析提供基础数据。具体监测方法见"第 4 章 污染源普查技术路线"—"4.3 生活污染源"—"4.3.1 废水排污口监测技术方法"。

2. 恶臭污染源废气监测

根据《北京市第二次全国污染源普查实施方案》相关要求，本次普查将针对垃圾处理厂恶臭源开展典型调查监测。具体标准参照《恶臭污染物排放标准》，具体监测方法见"第 4 章 污染源普查技术路线"—"4.4 集中式污染治理设施"—"4.4.1 恶臭污染源废气监测技术方法"。

3. 污水处理厂污泥监测

污泥污染物来源复杂，污泥无害化处置和利用技术发展得比较快，需要对污水处理厂污泥污染物含量的现状和不同处理技术下污染物残留量进行跟踪监测。本次普查将对这一领域开展监测，补充相关数据空白。污泥监测标准参照《城镇污水处理厂污染物排放标准》（GB 18918—2002），具体监测方法见"第 4 章 污染源普查技术路线"—"4.4 集中式污染治理设施"—"4.4.2 污水处理厂污泥监测技术方法"。

4. 非点源监测

城市暴雨径流与城市污水一样，是地表水的重要污染源。2007 年第一次全国污染源普查，通州区曾经开展过非点源水污染调查监测，所获得的结果用于通州区水污染源清单编制和控制政策制定。十年之后，通州区的环境发生了较大的变化，需要对这一结果进行更新。选取代表性下垫面和城市排水管网出口进行监测，获取雨水驱动下通州区的非点源排放，为水质改善提供新的数据支持。城市雨水排水管网出口污染物监测方法及指标同废水排污口监测方法及指标。

5. 机动车流量与污染排放监测

机动车尾气中排放的 NO_x 和 VOCs，是细颗粒物和臭氧形成的重要前体物。开展移动源污染普查的重要工作之一是建立机动车尾气排放清单。由于区县的省道、县道等道路所承担的运输任务不同，其机动车类型及污染排放特征与城区道路存在差异，因此有建立高分辨率清单的现实需求。由于缺少区县尺度实时交通信息数据，按照传统的基于实际道路车流量的方法难以建立高分辨率排放清单。通过收集公路的交通流量调查数据和现场调研数据，获得通州区约 46 条城市主干道和次干道以及公路中的国道、省道和县道的实际车流量。基于车流量数据和排放因子计算关注污染物 NO_x 和 VOCs 的排放量。选取车流量较大的通州区典型道路进行车流量实际抽样监测和污染物排放抽样监测，与计算结果进行校核。具体监测方法见"第 4 章　污染源普查技术路线"—"4.5 移动源"—"4.5.1 机动车流量与污染排放监测技术方法"。

6. 普查监测数据处理和成果发布

由于监测和普查将产生大量的数据，普查成果的存档、发布和印刷、应用需要大量的专业人员，这些专业人员需要来自环保、信息化、空间分析、数理统计等领域。此阶段工作所提供的服务包含但不限于：开展普查监测数据加工、分类汇总、产排污系数核算、在线展示、普查成果可视化发布、档案管理、普查成果汇总出版、普查专题报告撰写；开展基于普查结果的污染源和风险源分级与制图、编制分区域污染物排放清单、开展多污染物协同控制等相关工作。

3.3.9　普查专项调查

根据《北京市第二次全国污染源普查实施方案》要求，基于本市以环境质量改善为目标的城市管理和污染防治需要，结合北京实际，在国家普查内容的基础上增加相关专项补充调查。国家普查内容以外的专项源主要包括：农村公共卫生厕所、粪污消纳站；沥青混凝土搅拌站；干洗企业及干洗机；大型连锁销售企业销售的含有机溶剂类日用消费品；园林绿化和森林资源。在数据共享的基础上进行抽样调查，初步计划按照10%比例抽样，表3-5为污普专项调查明细。

表3-5 普查专项调查明细

调查项目	主要调查指标	调查规模（1：10）
农村公共卫生厕所	氨	
粪污消纳站	氨	
沥青混凝土搅拌站	挥发性有机物	
干洗企业及干洗机	挥发性有机物	
大型连锁销售企业销售的含有机溶剂类日用消费品	挥发性有机物	
园林绿化和森林资源	挥发性有机物	

1. 农村公共卫生厕所、粪污消纳站

调查背景： 农村公共卫生厕所和粪污消纳站是农村人为源氨排放的主要组成部分。我国大气氨人为源包括农田生态系统、畜禽养殖业两大主要排放源，同时也包括生物质燃烧、人体粪便、化工生产、废物处理、交通排放五类其他排放源。农田生态系统的氨排放包含氮肥施用、土壤本底、固氮植物和秸秆堆肥。建议重点估算氮肥施用过程大气氨排放，其他三个源考虑排放量很小，可不进行估算。本书中农田除了包含用于种植农作物的耕地，也包含用于培育鲜花、树木的田地，以及高尔夫球场的草地等。畜禽养殖业中集约化养殖、散养和放牧等过程会排放氨，为重点估算行业。生物质燃烧包含秸秆灶膛燃烧、秸秆田间燃烧、薪柴燃烧、草原大火和森林大火。建议集中计算秸秆燃烧和薪柴燃烧。草原、森林大火排放仅在易发地区估算。人体粪便排放可依据当地卫生厕所比例进行选择计算，城市地区可不估算。

废物处理包含废水处理、固废填埋、固废堆肥、固废焚烧和烟气脱硝等。可依据当地实际情况选择估算。

调查内容： 在开展集中式污染治理设施的同时，获取粪污消纳站调查单位名录和基本信息，获取农村公共卫生厕所数量、改造和使用情况信息。对仅次于农业源的第二大氨排放来源——生活相关源，包括生活污水处理、生活垃圾处理和人口排泄等，从氨排放的角度开展普查，为北京市专项调查提供数据基础。

进度安排： 拟于2018年7月底前根据清查结果确定通州区粪污消纳站和农村公共卫生厕所名录；8月针对部分粪污消纳站和村进行抽样调查和填表。2018年9月，完成数

据审核、汇总，将观测结果提交北京市普查办，开展通州区生活相关氨排放研究工作。

2. 沥青混凝土搅拌站

调查背景： 沥青是由分子量不同、稳定性各异、种类复杂的有机烃及其衍生物组成的混合物，具有黏合、防水和防腐的作用，广泛应用于道路工程和建筑防水等领域。组成沥青的有机烃类化合物，经湿度、温度、紫外线照射等自然环境因素的促进，在储存、加工、运输、拌和、摊铺、压实以及使用过程中，都会产生一定的挥发行为。沥青混合料在高温拌和与摊铺过程中会产生沥青烟。沥青烟是由多种物质组成的复杂混合物，其所含的苯并芘、吖啶类、蒽萘类、吡啶类、酚类等物质已经研究确定对人体有害，此类物质所造成的污染会影响动植物和人体的生长发育，如果长时间身处被沥青烟气污染的环境，将可能引起皮肤、呼吸道、神经系统方面的疾病，甚至诱发癌症。沥青VOCs中的主要成分包括PAHs、含氧、氮、硫的杂环烃类衍生物等，均具有致癌作用。相关实验表明，路面摊铺温度达到180℃时，沥青VOCs的浓度最高能够达到10～12 mg/m³；而当温度上升到200℃时，沥青VOCs的浓度最高能达到50 mg/m³。

调查内容： 通过开展通州地区沥青混凝土搅拌站的调查核实工作，针对沥青混合料的拌和、运输、摊铺、压实等全过程开展调查，建立北京市通州区沥青混凝土搅拌站台账，获取搅拌站地理位置、沥青混凝土产量、销路和用途等信息；构建沥青混凝土生产和铺路过程VOCs排放因子数据库，建立通州区沥青混凝土生产和铺路过程VOCs排放清单，为北京市专项调查提供依据，推行清洁生产，实施大气污染预报预警，提出有效的控制决策提供技术依据。

进度安排： 拟于2018年8月底前根据清查结果确定通州区沥青混凝土生产调查企业名录、铺路工地名录；8月协助北京市开展沥青混凝土生产和铺路过程的VOCs排放调查，主要包括沥青混合料拌和、运输、摊铺和碾压各阶段。2018年9月，完成数据审核、汇总，将观测结果提交北京市普查办，开展通州区沥青混凝土生产和铺路过程中VOCs相关研究工作。

3. 干洗店和含有机溶剂类日用消费品

调查背景： 室内空气中挥发性有机物（VOCs）的种类繁多，来源广泛。建材装修、家具、壁纸、化纤地毯、香水、香烟、厨房油烟等日常生活用品以及汽车尾气、工业废气等室外污染物都是室内VOCs的重要来源。根据2014年环保部颁发的《大气挥发性有机物源排放清单编制技术指南（试行）》，VOCs主要包括烷烃、烯烃、芳香烃、炔烃的C2～C12非甲烷碳氢化合物（Nonmethane hydrocarbons，NMHCs），醛、酮、醇、醚、酯、酚等C1～C10含氧有机物（Oxygenated Volatile Organic Compounds，OVOCs），卤代烃（Halogenated hydrocarbons），含氮有机化合物（Organic nitrates），含硫有机化合物（Organicsulfur）等 152 种化合物。对于日用消费品类溶剂，主要划分为干洗剂、日用化妆品和去污脱脂剂三大类。

美国国家环保局对含有机溶剂类日用消费品有明确分类，且对 VOCs 含量有明确的上限标准。中国香港参照美国的标准也列出了地区部分消费品 VOCs 含量限值。如表 3-6 所示。

表 3-6　美国国家环保局和中国香港地区日用消费品类 VOCs 排放标准

产品类型	子类	VOCs 重量百分比/%	
		美国	中国香港地区
空气清新剂	单一相	70	30
	双相	30	25
	液体/泵喷洒剂	18	18
	固体/凝胶	3	3
清新剂和消毒剂		—	60
汽车挡风玻璃清洗液		35	
浴室和马桶清洁	喷雾剂	7	
	其他形式	5	
汽化器和阻风门清洗剂		75	
灰尘清除	喷雾剂	35	
	其他形式	7	
引擎除油		75	
织物保护剂		75	
地板抛光/打蜡	弹性地板材料产品	7	
	非弹性地板产品	10	
	木地板蜡	90	
	用于厚积聚层	—	12
	用于薄、中度积聚层	—	3
家具维护—喷雾剂		25	
通用清洁剂		10	
玻璃清洗剂	喷雾剂	12	
	其他形式	8	
喷发定型剂		80	55
头发定型摩丝		16	
头发定型膏		6	

续表

产品类型	子类	VOCs 重量百分比/%	
		美国	中国香港地区
家用黏合剂	喷雾剂	75	
	接触型	80	
	建筑和门板	40	
	通用	10	
	结构防水	15	
杀虫剂	爬虫	40	15
	跳蚤和蜱	25	25
	飞虫	35	25
	烟雾剂	45	45
	草地和花园	20	20
	昆虫气雾剂	—	65
熨洗预洗	喷雾剂/固体	22	
	其他形式	5	
洗衣上浆产品		5	
卸甲油		85	
烤箱清洗	喷雾剂/泵	8	
	液体	5	
刮胡泡沫		5	
润滑剂		—	50

我国对部分产品中 VOCs 排放限值制定了相关标准，其中与日用消费品相关的包括胶黏剂、壁纸、地毯等，如表 3-7 所示。但对于日用化妆品、洗护用品、干洗剂、去污脱脂剂等洗涤剂未做相关标准。

表 3-7 我国部分产品 VOCs 排放限值标准

标准编号	标准名称	VOCs 限制物种	VOCs 限值
GB 18583—2008	《室内装饰装修材料 胶粘剂中有害物质限量》	VOCs、游离甲醛、苯、甲苯和二甲苯、甲苯二异氰酸酯、二氯甲烷、1,2-二氯乙烷、三氯乙烯	溶剂型胶粘剂：700 g/L（氯丁橡胶胶粘剂、聚氨酯类胶粘剂、其他胶粘剂）；650 g/L（SBS 胶粘剂）；水基型胶粘剂：350 g/L（缩甲醛类胶粘剂、其他胶粘剂）；110 g/L（聚乙烯乙酸酯胶粘剂）；250 g/L（橡胶类胶粘剂）；100 g/L（聚氨酯类胶粘剂）；本体型胶粘剂：100 g/L

续表

标准编号	标准名称	VOCs 限制物种	VOCs 限值
GB 18585—2001	《室内装饰装修材料 壁纸中有害物质限量》	氯乙烯单体、甲醛	氯乙烯单体≤1.0 mg/kg；甲醛≤120 mg/kg
GB 18587—2001	《室内装饰装修材料 地毯、地毯衬垫及地毯胶粘剂有害物质释放限量》	VOCs、甲醛、苯乙烯、4-苯基环己烯、丁基羟基甲苯、2-乙基己醇	环保型产品：11.5 mg/（m²·h）；合格产品：13.8 mg/（m²·h）

谭和平等在研究中给出了 17 种常见室内挥发性有机物的安全限量值，补充了现行《室内空气质量标准》（GB/T 18883—2002）中已有指标，如表 3-8 所示，但这一标准适用于室内空气中 VOCs 含量，并不适用于日用消费品或生活用品的 VOCs 浓度限值。

表 3-8 已有研究对部分室内空气中 VOCs 的限制标准补充

VOCs 种类	文献指标限值	GB/T 18883—2002
甲醛	0.1	0.1
苯	0.11	0.11
甲苯	0.2	0.2
异丁烷	8.772	—
正己烷	2.305	—
癸烷	7.686	—
二氯甲烷	2.12	—
三氯甲烷（氯仿）	0.163	—
四氯化碳	0.103	—
1,1,1-三氯乙烷	8.34	—
三氯乙烯	0.77	—
四氯乙烯	0.25	—
乙苯	1.58	—
对-二甲苯	0.2	
间-二甲苯	0.2	0.2
邻-二甲苯	0.2	
苯乙烯	0.26	—

调查内容：通过开展对通州区在售含有机溶剂类日用消费品和干洗店的调查，掌握通州区含有机溶剂类日用消费品销售和使用情况，掌握干洗店经营使用相关干洗剂、有机溶剂情况，掌握通州区含有机溶剂类日用消费品和干洗产生 VOCs 排放量，建立含有机溶剂类日用消费品 VOCs 排放清单和干洗行业 VOCs 排放清单，为大气污染预报预警、控制决策及绿化树种选择提供技术依据。

进度安排： 拟于 2018 年 7 月底前筛选确认拟调查居民生活及商业消费所需溶剂类型，筛选确定大型连锁销售企业和干洗企业确定调查对象清单。8 月协助北京市开展含有机溶剂类日用消费品和干洗企业活动水平调查，与生活源、餐馆等入户调查同步进行，主要针对超市、商场、便利店等日用消费品销售集中场所进行销售量和使用量调查。2018 年 9 月，完成数据审核、汇总，将观测结果提交北京市普查办，开展通州区居民生活及商业消费溶剂 VOCs 相关研究工作。

4. 园林绿化和森林资源

调查背景： 植物排放的挥发性有机物（BVOCs）参与了植物的生长、繁殖和防御，并且对其他生物、大气化学和物理过程具有重要影响。相比于大气中其他气体，BVOCs 在大气中含量很低，但是大部分 BVOCs 具有很强的大气反应活性，在一定的温度、光照条件下，可作为前体物与 NO_x 等物质发生光化学反应，对大气中的臭氧（O_3）和二次有机气溶胶（Secondary Organic Aerosol，SOA）的形成做出贡献。城市典型绿化树木是城市生态系统的重要组成部分。同时，也是城市大气 BVOCs 的主要贡献者。由于城市环境内 NO_x 等污染物的排放量很大，城市典型植物 BVOCs 排放对于城市空气质量影响更加显著。国外学者针对 VOCs 天然源清单已经进行了大量的工作，从采样技术、分析方法到利用模式数学计算，从各种植物碳氢化合物排放的测定到区域天然源排放通量的推算，都取得了很大进展。植物源 VOCs 对下方城市臭氧生成的影响机制见图 3-2。

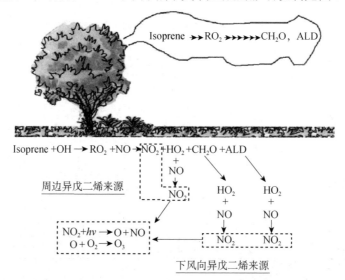

图 3-2　植物源 VOCs 对下风向城市臭氧产生的影响（谢军飞等，2013）

（其中，Isoprene 为异戊二烯，ALD 为乙醛）

我国近年来采用不同植被和森林资源数据对天然源挥发性有机物排放清单做了多个研究，如表 3-9 所示。2000 年城市园林绿化普查、2011 年第七次森林资源调查等数据均做过 BVOCs 的排放量研究（谢扬飏等，2007；李俊仪等，2017），历年来不同研究得到的北京市天然源 VOCs 排放量（以 C 计）结果如表 3-10 所示。根据李俊仪等的研究，BVOCs 总排放存在着非常大的树种差异。常绿树种对总 BVOCs 贡献最大的为油松，其 BVOCs 排放量占常绿树种总排放量的 58.62%，落叶树种中苹果树排放量贡献率最大，灌木中大叶黄杨 BVOCs 排放量贡献率最大，草本花卉中竹的排放量贡献率最大。

表 3-9 我国天然源挥发性有机物排放清单研究结果

文献来源	数据年份	VOCs/（Tg/a）			
		异戊二烯	单萜烯	其他 VOCs	总 VOCs
池彦琪 等，2012	2003	7.45	2.23	3.14	12.82
闫雁 等，2005	1999	4.85	3.29	8.94	17.08
Klinger 等，2002	2000	4.1	3.5	13	20.6
王勤耕，2001	1999	6.7	1.8	3.9	12.4
Guenther 等，1995	1990	15	4.3	9.1	28.4

表 3-10 北京市天然源 VOCs 排放量（以 C 计） 单位：万 t

文献来源	异戊二烯	单萜烯	其他 VOCs	总 VOCs
Wang 等，2003	0.79	0.35	0.48	1.62
Klinger 等，2002	1.39	0.78	2.63	4.80
Guenther 等，1995	2.78	0.8	1.69	5.27
北京市大气污染的成因和来源分析（2002）	1.88	0.43	3.56	5.87
谢扬飏 等，2007	3.09	0.59	0.16	3.84

调查内容：通过获取《第八次森林资源调查报告》及园林局提供的相关资料，开展通州地区（包括城区和郊区）植物物种的调查核实工作，获取优势植物物种的生物量分布数据；构建植物物种 BVOCs 的排放因子数据库，结合植物物种生物量分布数据库，构建通州地区 BVOCs 排放清单，为完善北京市 VOCs 排放清单，实施大气污染预报预警、控制决策及绿化树种选择提供技术依据。

进度安排：拟于 2018 年 6 月底前完成森林资源普查、通州区林业植被覆盖等相关数据收集工作，筛选拟开展观测的优势物种。2018 年 7—9 月根据北京市具体要求确定现场观测必要性，选择观测点位和频率，获取区域优势植物物种排放因子；2018 年 10 月，完成数据审核、汇总，将观测结果提交北京市普查办，开展通州区 BVOCs 相关研究工作。

3.3.10 数据审核汇总

开展普查数据审核，进行污染源普查质量抽查。区普查机构按普查数据的 5% 比例对污染源普查质量进行抽查，抽查不合格的企业和对象要重新进行普查，通过实测与综合分析，确定排污系数，对普查报表进行数据核算，对缺失和错误的数据补充监测，对需要补充的内容填写完整，初步完成系统的数据录入。数据详细审核流程如表 3-11 所示。

表 3-11　数据审核流程与负责人

级别	审核流程	负责人	比例	审核内容
1	数据初审	普查员	100%	原始数据填报准确性、资料收集完整性、初步核查数据合理性
2	数据复审	普查指导员	100%	数据合理性审查、资料信息完整性审查
3	乡镇审核	乡镇普查机构	20%	系统填报正确性、信息完整性，调查和检测数据合理性审查、系数核查
4	区级审核	区普查机构	5%	系统填报正确性、准确性和完整性，调查和检测数据合理性、系数核查；数据质量分析

3.3.11　技术审核与质量评估

针对各乡镇入户调查填报的数据，进行技术审核，对其准确性、合理性进行判断，及时发现数据中存在的错误，以便在早期发现问题，及时调查补充。

对全区各乡镇街道、各类源所调查数据进行质量控制，在清查、报表填报、录入、汇总等各主要环节，按一定比例抽样，结合现场指导和调查，将结果作为评估全区污染源普查数据质量的依据。数据质量达不到规定要求的，必须重新调查。

建立逐级审核制度，依次包括：普查对象内部审核、普查员审核、普查指导员审核、普查机构会审和抽查审核五级审核。做到数据上报有把控、数据质量有校核。

3.3.12　构建信息系统和数据加工利用

对全区污染源普查数据进行分析整理，建立区污染源普查数据库。

在污染源普查数据库的基础上，开发污染源数据管理信息系统，对全区污染源普查数据进行分析整理，建立区污染源信息管理系统。满足国家和北京市对于本次通州区污染源普查数据收集、审核与上报的相关要求，满足通州区自身污染源与环境风险管理需求，对区域环境监管、排污核算、质量改善与提升提供数据基础与管理平台，服务于通州区环境管理具有重要意义。

组织开展普查数据加工、分类汇总、在线展示、可视化发布、普查公报编制、普查档案管理、普查成果汇总出版、普查专题报告撰写等工作。结合污染源普查将通州区污染源分布制作一张图、一张表、一张网，为通州区后续污染源管理和环境监管提供重要依据。基于信息系统和数据库构建，组织开展基于普查结果的污染源和风险源的分级与制图、编制分区域污染物排放清单、开展多污染物协同控制等相关工作。

普查数据成果开发转化的主要应用内容包括：构建通州区污染源和污染物排放清单，建立通州区环境风险源清单，支撑通州区"十四五"环境统计制度框架设计，支撑通州区水、土、大气污染源解析工作，支撑通州区排污许可等管理工作。

3.3.13　普查质量核查和上报

汇总全区污染源普查数据并分析结果。将全面普查的结果汇总整理，配合北京市完成对通州区数据质量抽查，抽查完毕后，编写污染源普查快报，以供上报北京市。

全过程质量核查主要包括：准备阶段及清查工作质量核查、普查表数据填报质量核查、数据录入质量核查和汇总数据审核。

完成全区普查报表的数据录入，开展数据汇总和审核后，将污染源普查工作和普查数据进行总结，形成污染源普查总体报告。按照国家和北京市总体安排，进行普查结果发布。按照国家和北京市统一要求，将本区污染源普查快报上报北京市普查领导小组办公室。

3.3.14　普查档案、总结验收、成果发布和表彰

将污染源普查数据进行总结，形成污染源普查数据报告。配合国家和北京市的要求，进行普查结果的发布和利用。建立污染源地图、污染物排放清单和其他专题地图；形成通州区普查数据库，编制相关技术报告和工作报告；归纳总结普查成果，开展污染源普查评估验收、总结与表彰等工作。

区普查机构进行工作总结和技术总结，开展自下而上的验收和评比。汇总整理如第 9 章中所列管理文件和技术文件内容，以及普查过程中形成的通知、文件、汇报材料、技术报告、工作日志、照片、音像等材料，将工作报告和相关材料按时上报市级领导小组，做好相关准备，迎接北京市对本区普查工作的验收。

3.4　区县污染源普查宣传方案

按照国发〔2016〕59 号文件要求，通州区污染源普查工作要充分利用报刊、广播、电视、网络等各种媒体，广泛动员社会力量，深入开展宣传工作，为普查实施创造良好氛围。

3.4.1 宣传工作导向和目标

1. 扩大社会影响

通过宣传，扩大和提升各乡镇街道级人民政府及区直各职能部门、普查对象以及全社会对普查工作重要性及其意义的认识。让普查活动家喻户晓，充分动员社会各方面力量积极参与，为普查工作的顺利实施创造良好的社会氛围。

2. 提高业务水平

通过宣传教育普查范围内的单位，按照普查具体要求，按时、如实地填报普查数据，确保基础数据真实可靠。建立普查交流平台，反映普查动态，交流经验心得。

3. 加强纪律要求

发挥新闻媒体的监督作用，教育和揭露个别地方、部门、单位和个人虚报、瞒报、拒报、迟报，伪造、篡改污染源普查资料的行为。宣传普查机构和人员应对普查对象的技术和商业秘密履行保密义务。

3.4.2 宣传工作原则

1. 官方正统、与时俱进

加强领导，明确责任，精心策划，确保宣传效果。以宣传普查工作成果为载体，利用普查成果反映当前环保工作存在的问题和取得的成就，体现经济发展和环境保护的互动关系。

2. 亲民接地，多元展示

利用报刊、广播、电视、网络等各种媒体，广泛动员社会力量参与污染源普查。让群众认知环境保护与可持续发展在全面建成小康社会中的重要作用和地位。

3. 目标导向，阶段更新

在普查组织动员、宣传、检查验收、总结、表彰等关键阶段设计不同核心宣传内容。根据普查不同阶段宣传的重点，有计划、有重点、有针对性地开展污染源普查宣传工作并编制动态工作简报。

4. 鼓舞受众，体贴入微

设计、制作普查宣传海报、视频短片等，在重点城市人流密集区域张贴、播出。鼓励普查办、普查员和其他参与普查的工作人员，树立普查员权威和正面形象。

5. 和谐共鸣，社会关注

开展普查实名微博、微信公众号等新媒体建设及运营，开设并维护普查网站运行。引导全社会落实科学发展观，实行科学的生产和消费模式，加快生态文明体制改革，建设美丽首都城市副中心。

3.4.3 宣传工作主要内容

主要工作包括宣传、舆情监测两类。

1. 普查宣传

普查宣传包括：纸媒新闻刊发、公益广告制作与投放；电视公益广告制作与投放；公交候车亭公益广告制作与投放；入户宣传彩页制作与投放；社区科普宣传栏公益广告制作与投放；"致北京市通州区市民的一封信"的制作与投放；微博、微信运营等新媒体宣传；电梯公益广告制作与投放；高速路单立柱广告制作与投放；工作纪录片制作；宣传品制作；电子版公益海报制作。按照实际工作情况，对被评选为普查先进单位、先进个人并给予宣传，对此次参加污普人员的工作给予充分肯定。

2. 舆情监测

同时开展舆情监测工作，对微博、微信、新闻、网站、媒体、客户端、电子报、报纸、杂志、广播、电视等全媒体的刊发推送与通州区普查工作相关的内容进行舆情采集、统计分析，并撰写舆情报告；普查工作重要节点、事件舆情预警与专项报告；针对特定媒体所刊发的相关普查工作内容进行舆情监测。

3.4.4 宣传工作方式方法

1. 微信、网络、微博、网站等

利用通州环保局现有的官方微信、网站等平台，在官方微信公众号中定期发布普查工作重要进展和重要活动，在通州区环境保护局官方网页下开辟普查工作专栏，报道普查要闻、工作进展、资料下载等，如图 3-3 所示。

2. 公共宣传、海报、横幅、标语等

把国家普查政策、法规和要求，用简单通俗的语言，进行口号式的宣传，主要在公共场所、交通等人流密集区，使用法言法语向全社会宣布普查工作的进展，营造便于普查和开展工作的大氛围和大环境，如图3-3所示。

a.普查网站　　　　　　　　　　　b.微信公众号

c.公共宣传　　　　　　　　　　　d.横幅宣传

图3-3　宣传工作方法方式

3. 墙报、logo、宣传册、宣传页等

为突出普查工作的重要意义，树立普查工作人员的气质形象，维护普查员的社会地位，明确普查对象的权责，可以在区普查办公室、相关部门、乡镇和街道办事处、重点企业和重点区域等地方，通过上述各种途径，对重点人员、重点对象进行普查的科普和宣贯。

4. 工作手册、培训册、法律法规汇总

通过对普查工作的详细梳理和总结，制作相关的简易查询手册和文件汇编，制作工作流程图和普查工作示意图等，用于指导普查员和普查办工作人员开展工作，提供日常和手边的索引工具。

5. 宣传片、动画、视频、小电影等

通过亲民、和善的微动画和小电影等方式，向公众、企业灌输普查工作的重要意义和社会作用，建立全社会认同的普查工作氛围，从理念和观念上提高普查期间相关人员的认同感。

表 3-12 普查工作汇总

序号	方式	内容	期限	目的	受众	频次和工作量
1	微信公众号	普查重大事项和节点	从启动到验收	扩大普查的社会影响力和提高普查参与人员的自信心和获得感	普查工作人员、普查员、政府相关部门、社会公众等	每 1~2 周推送一次，编辑小新闻不少于 100 篇
2	网站	在通州区环保局网站开辟专栏	从启动到验收	报道普查工作进展、下载相关数据、提供学习材料，扩大普查影响	政府部门人员、公众、企业和对象人员	每周更新页面，预计准备小新材料和照片 150 件
3	横幅、标语	用简洁明快的语言宣传普查工作	启动阶段和入户阶段	提高社会认可度、提高企业重视程度	公众、企业、政府相关部门	共计 1~2 次，每次投放 20 幅左右
4	海报	宣传普查的义务和内容，明确普查的程序	启动、培训、入户和数据校核阶段	塑造普查人员形象、提高相关人员和机构的认识和重视程度	普查工作人员、相关企业等	涉及 4~10 张底板，每幅印制 500 份左右
5	设计和制作通州普查 logo	设计 logo，印制文化衫，笔记本和小礼品等	在普查启动和入户阶段	彰显普查的形象和精神，提高社会认可度和知名度	普查工作人员、重点企业人员等	一共印制 400 件文化衫，制作 2 000 个小礼品
6	宣传册、宣传页	印制普查内容和要求普查程序等宣传内容	在普查启动和入户阶段	提高普查科普的作用	政府相关部门、重点企业等	印制 400 份
7	举办宣传活动 2~3 次	在大型活动会所，举办宣传活动 2~3 次	在普查启动和入户阶段	提高普查工作的公众认知度和科普的作用	公众	使用宣传册、宣传页、小礼品
8	普查手册、培训册、汇编等	总结普查的工作内容，进行汇总和提练汇编	从启动到验收	提高普查工作效率和效果	普查工作人员、普查员等	编制 2~3 册，每册印制 300 份
9	微视频、宣传片等	录制普查工作的电视新闻、小电影、视频等	从启动到验收	提高普查工作的社会认可度和成就感，科普普查工作内容	公众、政府部门、普查对象等	录制新闻 3~5 篇，录制微视频 5~10 个

3.4.5 宣传工作经费预算编制

表 3-13 普查宣传主要内容

序号	内容	数量
1	微信公众号	每 1～2 周推送一次，编辑小新闻不少于 100 篇
2	网站	每周更新页面，预计准备素材和照片 150 件
3	横幅、标语	共计 1～2 次，每次投放 40 幅左右
4	海报	涉及 4～10 张底板，每幅印制 500 份左右
5	设计和制作通州普查 logo	一共印制 400 件文化衫，制作 2 000 个小礼品
6	宣传册、宣传页	印制 400 份
7	举办宣传活动 2～3 次	使用宣传册、宣传页、小礼品
8	普查手册、培训册、汇编等	编制 2～3 册，每册印制 300 份
9	微视频、宣传片	录制新闻 3～5 篇，录制微视频 5～10 个

第4章 污染源普查技术路线

国家规定的普查内容按照国家统一的原则执行，即现场监测、物料衡算、产排污系数核算相结合，技术手段与统计手段相结合，国家指导、地方调查和企业自报相结合的原则确定污染源普查的技术路线。如图 4-1 所示。具体技术方法按照污染源类别描述如下。

4.1 工业污染源

采用入户调查与现场监测的方法。对通州区现有工业源进行全面入户调查，登记调查单位基本信息、活动水平信息、污染治理设施和排污口信息；基于实测和综合分析，分行业分类制定污染物排放核算方法，核算污染物产生量和排放量。

根据伴生放射性矿初测基本单位名录和初测结果，确定伴生放射性矿普查对象，进行全面入户调查。

工业园区（产业园区）管理机构填报园区调查信息。工业园区（产业园区）内的工业企业填报工业污染源普查表。

4.2 农业污染源

采用数据共享和抽样调查的方法。对通州区规模化养殖企业进行全面入户调查，对散养户按照 1∶20 的比例开展抽样调查，获取普查年度农业生产活动基础数据，根据产排污系数核算污染物产生量和排放量。

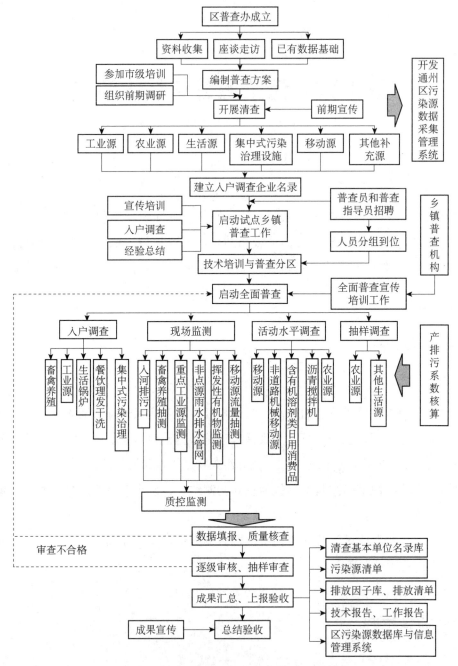

图 4-1 通州区第二次全国污染源普查技术路线

4.3 生活污染源

基于共享数据采用抽样调查、现场监测相结合的方法。对通州区现有燃气锅炉基本情况和能源消耗情况、污染治理情况等进行全面登记调查，根据产排污系数核算污染物产生量和排放量。对包括学校、餐饮、医院、银行、超市等生活服务类污染源，按照 1∶10 的比例抽样调查其能源使用情况，结合产排污系数核算废气污染物产生量和排放量。通过典型区域调查和综合分析，获取与挥发性有机物排放相关的活动水平信息，结合物料衡算或产排污系数核算生活污染源挥发性有机物产生量和排放量。

4.3.1　废水排污口监测技术方法

依据《地表水和污水监测技术规范》（HJ/T 91—2002）对市政污水排污口进行采样监测，排放需满足《污水综合排放标准》（GB 8978—1996）中有关要求。

对污水稳定排放的排污口，污染物排放曲线比较平稳，监督监测可以采瞬时样；对于排放曲线有明显变化的不稳定排放污水，要根据曲线情况分时间单元采样，再组成混合样品。正常情况下，混合样品的单元采样不得少于两次。如排放污水的流量、浓度甚至组分都有明显变化，则在各单元采样时的采样量应与当时的污水流量成比例，以使混合样品更有代表性。

用样品容器直接采样时，必须用水样冲洗三次后再行采样。但当水面有浮油时，采油的容器不能冲洗。采样时应注意除去水面的杂物、垃圾等漂浮物。用于测定悬浮物、BOD_5、硫化物、油类、余氯的水样，必须单独定容采样。在选用特殊的专用采样器（如油类采样器）时，应按照该采样器的使用方法采样。采样时应认真填写"污水采样记录表"，表中应有以下内容：污染源名称、监测目的、监测项目、采样点位、采样时间、样品编号、污水性质、污水流量、采样人姓名及其他有关事项等。凡需现场监测的项目，应进行现场监测。其他注意事项可参见地表水质监测的采样部分。

采样后要在每个样品瓶上贴一标签，标明点位编号、采样日期和时间、测定项目和保存方法等。污水样品的组成往往相当复杂，其稳定性通常比地表水样更差，应设法尽快测定。

水样运输前应盖紧容器的外（内）盖。装箱时应用泡沫塑料等分隔容器，以防破损。箱子上应有"切勿倒置"等明显标志。同一采样点的样品瓶应尽量装在同一个箱子中并附有采样记录表；同一采样点的样品瓶如分装在几个箱子内，则各箱内均应附有同样的采样记录表。运输前应检查所采水样是否已全部装箱。运输时应有专门押运人员。水样交接化验室时，应有交接手续。

对于污水排放应测定流量，采用污水流量计法、容积法、流速仪法、量水槽等方法。

各项监测项目及其分析方法和检出限如表4-1所示。

表 4-1　监测项目与分析方法

序号	监测项目	分析方法	检出限
1	水温	GB 13195—91　温度计法	0.1℃
2	pH	GB 6920—86　玻璃电极法	0.1
3	溶解氧	GB 11913—89　电化学探头法	
4	COD	GB 11914—89　重铬酸盐法	5 mg/L
5	BOD$_5$	GB 7488—87　稀释与接种法	2 mg/L
6	氨氮	HJ 535—2009　纳氏试剂分光光度法	0.025 mg/L
7	总氮	GB 11894—89　碱性过硫酸钾消解—紫外分光光度法	0.05 mg/L
8	总磷	GB 11893—89　钼酸铵分光光度法	0.01 mg/L
9	悬浮物	GB 11901—89　重量法	4 mg/L
10	氟化物	离子色谱法[①]	0.02 mg/L
11	氰化物	GB 7486—87　异烟酸-吡唑啉酮比色法	0.004 mg/L
12	铜	HJ 485—2009　水质　铜的测定　二乙基二硫代氨基甲酸钠分光光度法	0.01 mg/L
13	锌	HJ 700—2014　水质　65 种元素的测定　电感耦合等离子体质谱法	0.02 μg/L
14	砷	HJ 694—2014　水质　汞、砷、硒、铋和锑的测定　原子荧光法	0.000 1 mg/L
15	汞	HJ/T 341—2007　水质　汞的测定　原子荧光光度法	0.000 5 mg/L
16	镉	HJ 700—2014　水质　65 种元素的测定　电感耦合等离子体质谱法	0.02 μg/L
17	铬（Ⅵ）	二苯碳酰二肼分光光度法[①]	0.004 mg/L
18	铅	HJ 700—2014　水质　65 种元素的测定　电感耦合等离子体质谱法	0.02 μg/L
19	镍	HJ 700—2014　水质　65 种元素的测定　电感耦合等离子体质谱法	0.02 μg/L
20	硒	HJ 694—2014　水质　汞、砷、硒、铋和锑的测定　原子荧光法	0.000 2 mg/L
21	挥发酚	HJ 503—2009　水质　挥发酚的测定　4-氨基安替比林分光光度法	0.002 mg/L
22	石油类	HJ 637—2012　水质　石油类和动植物油类的测定　红外分光光度法	0.1 mg/L
23	阴离子表面活性剂	GB 13199—91　电位滴定法	0.12 mg/L
24	硫化物	HJ/T 60—2000　水质　硫化物的测定　碘量法	0.4 mg/L
25	粪大肠菌群	发酵法[①]	
26	其他工业污染源排污口特定指标[②]		

注：① 水和废水监测分析方法（第四版）. 中国环境科学出版社，2002；
　　② 依据 HJ/T 91—2002 表 6-2 确定。

利用行政管理记录，结合实地排查，获取入河排污口基本信息。对各类入河排污口排水（雨季、旱季）水质开展监测，获取污染物排放信息。结合排放去向、入河排污口调查与监测、城镇污水与雨水收集排放情况、城镇污水处理厂污水处理量及排放量，利用排水水质数据，核算城镇水污染物排放量。利用已有统计数据及抽样调查结果，获取农村居民生活用水排水基本信息，根据产排污系数核算农村生活污水及污染物产生量和排放量。

4.3.2 生活源锅炉普查方法

参照《第二次全国污染源普查生活源锅炉普查技术规定》，基于已有行政管理记录，按照图 4-2 所示技术路线开展生活源锅炉普查。

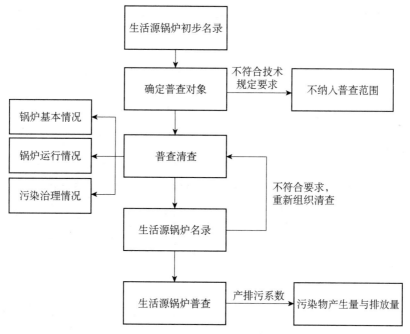

图 4-2 生活源锅炉普查技术路线

4.4 集中式污染治理设施

根据调查对象基本信息、废物处理处置情况、污染物排放监测数据和产排污系数，核算污染物产生量和排放量。

4.4.1 恶臭污染源废气监测技术方法

根据《恶臭污染物排放标准》，分年限规定了 8 种恶臭污染物的一次最大排放限值、复合恶臭物质的臭气浓度限值及无组织排放源的厂界浓度限值。具体限值如下：

表 4-2 恶臭污染物厂界标准值（无组织排放源）　　　　单位：mg/m³

序号	控制项目	一级	二级		三级	
			新、扩、改建	现有	新、扩、改建	现有
1	氨	1.0	1.5	2.0	4.0	5.0
2	三甲胺	0.05	0.08	0.15	0.45	0.80
3	硫化氢	0.03	0.06	0.10	0.32	0.60
4	甲硫醇	0.004	0.007	0.010	0.020	0.035
5	甲硫醚	0.03	0.07	0.15	0.55	1.10
6	二甲二硫	0.03	0.06	0.13	0.42	0.71
7	二硫化碳	2.0	3.0	5.0	8.0	10
8	苯乙烯	3.0	5.0	7.0	14	19
9	臭气浓度（无量纲）	10	20	30	60	70

1. 采样点布设要求

有组织排放：有组织排放源的监测采样点应为臭气进入大气的排气口，也可以在水平排气道和排气筒下部采样监测，测得臭气浓度或进行换算求得实际排放量。经过治理的污染源监测点设在治理装置的排气口，并应设置永久性标志。

无组织排放：厂界的监测采样点，设置在工厂厂界的下风向侧，或有臭气方位的边界线上。

2. 采样频率要求

有组织排放源采样频率应按生产周期确定监测频率，生产周期在 8 h 以内的，每 2 h 采集一次，生产周期大于 8 h 的，每 4 h 采集一次，取其最低测定值。

无组织排放：连续排放源相隔 2 h 采一次，共采集 4 次，取其最大测定值。间歇排放源选择在气味最大时间内采样，样品采集次数不少于 3 次，取其最大测定值。

4.4.2 污水处理厂污泥监测技术方法

根据《城镇污水处理厂污染物排放标准》中污泥处置（控制）的污染物限值要求。

城镇污水处理厂的污泥应进行稳定化处理，稳定化处理后应达到表 4-3 规定：

表 4-3 污泥稳定化控制标准 单位：%

稳定化方法	控制项目	控制标准	测定方法	方法来源
厌氧消化	有机物降解率	>40	重铬酸钾法	《城镇垃圾农用监测分析方法》
好氧消化	有机物降解率	>40	重铬酸钾法	
好氧堆肥	含水率	<65	烘干法	
	有机物降解率	>50	重铬酸钾法	
	蛔虫卵死亡率	>95	显微镜法	GB 7959—2012
	粪大肠菌群值	>0.01	发酵法	GB 7959—2012

另外，城镇污水处理厂的污泥应进行污泥脱水处理，脱水后污泥含水率应小于 80%。处理后的污泥进行填埋处理时，应达到安全填埋的相关环境保护要求。处理后的污泥在进行农用时，其污染物含量应满足表 4-3 的要求。其施用条件须符合 GB 4284—2018 的有关规定。

污泥的取样采用多点取样法，样品应有代表性，样品重量不小于 1 kg。污泥在进行农用时的污染物控制标准限值详见标准 GB 4284—2018。

4.5 移动源

移动源的调查基于数据共享，并采用典型路段和区域抽样观测调查的方式进行。

利用相关部门提供的数据信息，结合典型地区抽样调查结果，获取移动源保有量、燃油消耗及活动水平信息，结合分区分类排污系数核算移动源污染物排放量。

机动车：通过登记的机动车相关数据和交通流量数据，结合典型区域、典型路段及不同使用用途，按照 1∶100 的比例抽样观测调查，并根据燃油消费数据，更新完善机动车排污系数，核算机动车废气污染物排放量。

非道路移动源：调查施工机械、农业机械、专业设备等非道路施工机械的燃油消耗及相关活动水平数据，根据排污系数核算污染物排放量。

4.5.1 机动车流量与污染排放监测技术方法

根据通州区内机动车保有量/车流量、车辆行驶里程和排放因子等基础数据，计算了不同车型机动车的行驶里程和污染物排放量，具体研究方法主要包括以下几个方面：

1. 登记注册机动车年总行驶里程（VKT）

（1）基于保有量的 VKT 计算

获得研究区域内车辆管理部门统计的登记注册的不同车型机动车保有量，通过调研获得不同车型机动车的年（日）均行驶里程 VKT（D），应用以下公式计算机动车行驶里程（VKT）：

$$VKT（R）=VKT（D）×VN×365$$

式中，VKT（R）——登记注册机动车年总行驶里程，km；

VKT（D）——单辆机动车日均行驶里程，km；

VN——机动车保有量。

公式也可用于计算不同车型的机动车行驶里程。

（2）基于车流量的 VKT 计算

根据实际道路车流量，计算研究区域内机动车行驶里程数据，计算方法如下：

$$VKT（V）= 365 \times \sum_{i=1}^{n} VT_i \times lus_i$$

式中，VKT（V）——基于实际道路车流量的区域内机动车年总行驶里程，km；

VT——日车流量，辆/d；

lus——道路长度，km；

i——路段编号；

n——区域内总路段数。

公式同样也可用于计算不同车型的机动车行驶里程。

通过收集公路的交通流量调查数据和现场调研数据，统计通州区主干道和次干道以及公路中的国道、省道和县道的实际车流量。但对于一些支路、胡同、乡道等无法获得观测数据的道路，本书拟应用基于谷歌地图的卫星影像资料估算车流量，估算方法如下：

$$\frac{V_i}{v_i} = \frac{V_j}{v_j}$$

式中，V_i——第 i 条目标道路上的实际车流量，辆/d；

v_i——第 i 条目标道路在卫星影像单位长度的车辆数，辆/km；

V_j——与目标道路同类型的参考道路的实际车流量，辆/d；

v_j——与目标道路同类型的参考道路在卫星影像上单位长度的车辆数，辆/km。

2. 排放量计算方法

道路机动车排放量（E）主要包括尾气排放（E_1）和 HC 蒸发排放（E_2）两部分。其计算公式如下：

$$E = E_1 + E_2$$

道路机动车尾气排放量计算公式如下：

$$E_1 = \sum_i P_i \times EF_i \times VKT_i \times 10^{-6}$$

式中，E_1——第三级机动车排放源 i 对应的 CO、HC、NO_x、$PM_{2.5}$ 和 PM_{10} 的年排放量，t；

$\quad\quad$ EF_i——i 类型机动车行驶单位距离尾气所排放的污染物的量，g/km；

$\quad\quad$ P_i——所在地区 i 类型机动车的保有量，辆；

$\quad\quad$ VKT_i——i 类型机动车的年均行驶里程，km/辆。

机动车行驶及驻车期间蒸发排放的碳氢化合物（HC）按照下式进行计算：

$$E_2 = \left(EF_1 \times \frac{VKT}{V} + EF_2 \times 365 \right) \times P \times 10^{-6}$$

式中，E_2——每年行驶及驻车期间的 HC 蒸发排放量，t；

$\quad\quad$ EF_1——机动车行驶过程中的蒸发排放系数，g/h；

$\quad\quad$ VKT——当地车辆的单车年均行驶里程，km；

$\quad\quad$ V——机动车运行的平均行驶速度，km/h；

$\quad\quad$ EF_2——驻车期间的综合排放系数，主要包括热浸、昼间和渗透过程中排放系数，g/d；

$\quad\quad$ P——当地以汽油为燃料的机动车保有量，辆。

4.5.2　非道路机械活动强度调查技术方法

1. 调查背景

根据《非道路移动源大气污染物排放清单编制技术指南（试行）》，非道路移动源包括工程机械、农业机械、小型通用机械、柴油发电机组、船舶、铁路内燃机车、飞机等。通州区非道路机械活动强度调查主要包括前四种。非道路移动污染机械的分类见表 4-4。

目前国际上非道路机械排放法规共有美国、欧洲和日本三大体系。虽然三个体系的要求和试验方法不同，但对于排放污染物（CO、HC、NO_x 和 PM）的控制是一样的。随着社会的进步，这三大体系在非道路机械的排放控制上已经有了统一的趋势，并且开始修改标准以相互包容。

我国对于非道路发动机的排放普查和标准起草工作已经启动多年，由于很多发动机厂商不能满足标准要求，迟迟无法出台国家标准，北京在 1999 年发布了行业标准 JB 8891—1999，此标准是过渡标准，发动机在 2002 年达到欧洲 0 阶段排放水平。2007 年 4 月，我国发布了《非道路移动机械用柴油机排气污染物排放限值及测量方法（中国Ⅰ、Ⅱ阶段）》。2014 年 5 月 16 日，我国发布了非道路机械用柴油机第 3、第 4 阶段标准，自 2014 年 10 月 1 日起，进行污染物排放型式核准的非道路机械用柴油机都必须达到第 3 阶段标准的要求。第 3 阶段标准将 HC 和 NO_x 作为一个总体进行控制，而第 4 阶段标准又分别对 HC 和 NO_x 进行排放控制，并且各自的排放限值均有一个明显的降低。

表 4-4 非道路移动机械的分类体系

第一级分类	第二级分类	第三级分类	第四级分类
工程机械	挖掘机 推土机 装载机 叉车 压路机 摊铺机 平地机 其他	<37 kW 37～75 kW 75～130 kW ≥130 kW	国Ⅰ前 国Ⅰ 国Ⅱ 国Ⅲ 国Ⅳ
农业机械	拖拉机 联合收割机 农用运输车 排灌机械 其他	<37 kW 37～75 kW 75～130 kW ≥130 kW	国Ⅰ前 国Ⅰ 国Ⅱ 国Ⅲ 国Ⅳ
小型通用机械	手持 非手持		国Ⅰ前 国Ⅰ 国Ⅱ 国Ⅲ 国Ⅳ
柴油发电机组		<37 kW 37～75 kW 75～130 kW ≥130 kW	国Ⅰ前 国Ⅰ 国Ⅱ 国Ⅲ 国Ⅳ

研究表明，柴油质量对非道路机械的排放影响非常大，特别是柴油中的硫含量，不仅直接影响尾气排放，而且高硫油限制了先进的排放后处理技术的使用。降低柴油中的硫含量，可降低 10%～15% 的 PM 排放。国内非道路用柴油质量参差不齐，如农用机械用柴油主要包括普通柴油、农用柴油和重柴油。可以说，提高非道路用燃油质量是提高非道路移动源发动机技术和排放标准的必要措施。排放后处理技术主要是指利用催化转化器和滤清净化装置，对尾气进行处理，从而进一步降低各种污染物的排放量。

2. 调查内容

通过住建、农业、水务、工商等部门的信息共享，获取全区宏观数据，结合通州区各大非道路机械租赁公司情况，开展典型调查。对于建筑工地获取相应施工类型、阶段和规模与工程机械需求的统计规律，结合已有排放因子，核算全区污染物排放量；对于农业机械调查统计相应种植类型、耕作阶段周期和面积与农业机械配置的统计规律，结合排放因子测试结果，核算全区污染物排放总量。

通过开展活动强度调查，建立基于施工（种植）面积、工期（生长期）等可监测的指标，来评估和核算施工机械、农业机械等活动强度，进而核算其能源消耗和污染物排放的技术方法，从而实现非道路机械污染排放清单的动态更新和治理效果的准确评估；通过典型抽样详查，避免了量大、分散的污染源追踪，为分散源治理政策的制定提供依据。

3. 研究方法

鉴于各地活动水平获取程度不同，目前常用有 3 种方法，基于掌握的排放源相关信息，选择合适的方法。三种方法的准确度从高到低依次为方法 3、方法 2 和方法 1。方法选择详见图 4-3。

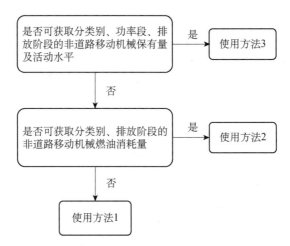

图 4-3 非道路移动机械排放计算方法选择流程

1. 方法 1

某一用途非道路移动机械大气污染物排放量计算公式如下：

$$E = (Y \times \mathrm{EF}) \times 10^{-6}$$

式中，E——非道路移动机械的 CO、HC、NO_x、$PM_{2.5}$ 和 PM_{10} 排放量，t；

    Y——为燃油消耗量，kg；

    EF——排放系数，g/kg 燃料。

2. 方法 2

对于农用运输车排放量，大气污染物排放量计算公式如下：

$$E = \sum_j \sum_k \left(P_{j,k} \times \mathrm{EF}_{j,k} \times M_{j,k} \right) \times 10^{-6}$$

式中，E——农用运输车的 CO、HC、NO$_x$、PM$_{2.5}$ 和 PM$_{10}$ 排放量，t；

j——农用运输车的类别；

k——排放阶段；

P——保有量，辆；

EF——污染物排放系数，g/km；

M——年均行驶里程，kg/（a·辆）。

对于其他非道路移动机械排放量，大气污染物排放量计算公式如下：

$$E = \sum_{j} \sum_{k} \left(Y_{j,k} \times EF_{j,k} \right) \times 10^{-6}$$

式中，E——非道路移动机械的 CO、HC、NO$_x$、PM$_{2.5}$ 和 PM$_{10}$ 排放量，t；

j——非道路移动机械的类别；

k——排放阶段；

Y——燃油消耗量，kg；

EF——排放系数，g/kg 燃料。

3. 方法 3

对于农用运输车排放量，大气污染物排放量计算公式与方法 2 相同。对于其他非道路移动机械排放量，大气污染物排放量计算公式如下：

$$E = \sum_{j} \sum_{k} \sum_{n} \left(P_{j,k,n} \times G_{j,k,n} \times LF_{j,k,n} \times hr_{j,k,n} \times EF_{j,k,n} \right) \times 10^{-6}$$

式中，E——非道路移动机械的 CO、HC、NO$_x$、PM$_{2.5}$ 和 PM$_{10}$ 排放量，t；

j——非道路移动机械的类别；

k——排放阶段；

n——功率段；

P——保有量，辆；

G——平均额定净功率，kW/台；

LF——负载因子；

hr——年使用小时数，h；

EF——污染物排放系数，g/（kW·h）。

非道路机械活动水平数据获取方法如下：

（1）保有量及技术水平：非道路移动机械保有量优先使用实际调查数据。如无实际调查数据，按照《非道路移动源大气污染物排放清单编制技术指南（试行）》中建议执行。　`

（2）燃油消耗量：非道路移动机械燃油消耗量采用实际调查数据。

（3）农用运输车年均行驶里程：根据实际调查数据获得年均行驶里程。无实际调查数据时，推荐三轮农用运输车取 23 000 km，四轮农用运输车取 30 900 km。

（4）额定净功率：农业机械平均额定净功率采用《中国统计年鉴》《中国农业机械工业年鉴》数据；其余非道路移动机械平均额定净功率采用实际调查数据。无实际调查数据时，按照《非道路移动源大气污染物排放清单编制技术指南（试行）》中表 3 推荐值执行。

（5）负载因子：根据实际调查数据获得负载因子。无实际调查数据时，推荐取 0.65。

（6）年均使用小时数：根据实际调查数据获得年均使用小时数。无实际调查数据时，按照《非道路移动源大气污染物排放清单编制技术指南（试行）》中表 4 推荐值执行。

技术路线如下：

（1）宏观数据整理分析，建立重点污染源台账

通过建筑、农业等部门的信息共享，以及街道乡镇统计数据，获取通州区宏观数据。建立重点污染源非道路机械台账。

（2）开展大量典型调查，建立典型区非道路机械台账

获取活动强度需求数据筛选不同规模工地、农田、绿地，从需求出发，开展相关机械服务能力和水平典型调查。调查园林绿化所涉及的各种种植养护活动中所使用的有动力机械，调查建筑施工、路政施工等主要工程所使用的施工机械，调查农业种植培育收割等活动所使用的有动力机械，调查各类机械的制造属性、服务范围、活动强度等。对于建筑工地要获取相应施工类型、阶段和规模与工程机械需求的统计规律，对于农业机械要调查统计相应种植类型、耕作阶段周期和面积与农业机械配置的统计规律，为通过对工地、农田、绿地等活动水平实施遥感监测以评估非道路机械排放总量提供技术途径，从而实现后普查时期排放清单的动态更新。

（3）数据融合统计分析，核算污染物排放总量，提出管理政策建议

数据处理分析，结合已有排放因子，分别核定重点污染源和非重点污染源排放量，核算全区污染物排放量；根据行业特征和管理需求，提出各类别排放源规模限；从施工/种植需求出发，为规模以下非道路机械管理提供政策建议。

进度安排：拟于 2018 年 7 月底前根据清查结果确定通州区非道路机械租赁和使用企业名录；8 月协助北京市开展非道路机械活动强度专项调查，主要包括保有量及技术水平、燃油消耗量、年均行驶里程、额定净功率、负载因子、年均使用小时数。2018 年 9—10 月，完成数据审核、汇总，将观测结果提交北京市普查办，开展通州区非道路机械活动强度和排放量相关研究工作。

4.6　专项补充源

4.6.1　生活相关氨排放源

通过统计、城市管理、水务、农村工作等部门的信息共享、企业填报、抽样调查等手段，获取以下数据：集中式生活污水处理厂（站）、垃圾处理厂和粪便消纳站的基本信息、设施能力、处理工艺、实际处理量、恶臭控制措施等情况，农村地区分行政区的居民户数、人口、卫生厕所改造及使用情况；根据调查数据，确定各污染源与氨排放相关的活动水平信息。根据上述污染源特征，通过典型污染源排放监测以及国内外氨排放因子筛选等方式，建立四类污染源的本地氨排放因子数据库。根据上述成果分别估算城镇生活污水处理厂、生活垃圾处理厂、粪便处理厂以及农村人体的氨排放量。

研究方法如下：

根据《大气氨源排放清单编制技术指南》，大气氨排放的计算采用排放系数的计算方法。氨排放的总量即为活动水平和排放系数的乘积。计算公式参见以下公式：

$$E_{i,j,y} = A_{i,j,y} \times EF_{i,j,y} \times \gamma$$

式中，i——调查地区；

　　　j——排放源；

　　　y——年份（2017 年）；

　　　$E_{i,j,y}$——y 年 i 地区 j 排放源的排放量；

　　　A——活动水平；

　　　EF——排放系数；

　　　γ——氮-大气氨转换系数，对于生活氨排放源取 1.0。

污水处理过程氨排放主要来自污水处理厂活性污泥中微生物吸收和消化污水营养处理过程以及淤泥铺摊。垃圾处理主要包括市政垃圾和危险废物的填埋、堆肥和焚烧。污水和垃圾处理氨排放量基于处理量按照上述公式计算。废物处理处置活动水平为污水处理、固废填埋、焚烧和堆肥和烟气脱硝过程中废物处理量，污水单位为 m^3，其他为 t。生活污水和生活垃圾处理的排放系数为单位质量废物处理过程产生大气氨的量。

人体排放氨的途径主要有呼吸、汗液和粪尿，人体排泄物活动水平定义为没使用卫生厕所的成人数，按照 2017 年 12 月 31 日以前统计。人体排泄物的排放系数定义为成人每人每年排放大气氨的量。

生活相关污染源氨排放系数见表 4-5。

表 4-5　生活相关污染源氨排放系数推荐值

污染源种类	排放系数	单位
人体粪便	0.787	kg NH_3/（a·人）
污水处理厂	0.003	g NH_3/m^3
填埋	0.560	kg NH_3/t
堆肥	1.275	kg NH_3/t
焚烧	0.210	kg NH_3/t
烟气脱硝	0.155（SCR）；0.17（SNCR）	kg NH_3/t 煤

技术路线如下：

（1）生活相关氨排放源基本情况调查

通过统计、城市管理、水务、农村工作等部门的信息共享、企业填报、抽样调查等手段，一方面获取集中式生活污水处理厂（站）、垃圾处理厂和粪便消纳站的基本信息、设施能力、处理工艺、实际处理量、恶臭控制措施等情况；另一方面，摸清农村地区分行政区的居民户数、人口、卫生厕所改造及使用情况；最后，根据调查数据，确定各源与氨排放相关的活动水平信息。

（2）生活相关源氨排放因子库构建

根据上述污染源特征，设计合理的监测方案，选取典型污染源进行氨排放现场监测，结合监测对象实际，确定本地化氨排放因子；选取合理的模型计算方法，根据污染源调查结果和特点，获得本地化氨排放因子；生活相关源的本地氨排放因子数据库。

（3）通州区生活相关源氨排放清单和数据库构建

在上述工作的基础上，量化城镇生活污水处理厂、生活垃圾处理厂、粪便处理厂以及人体活动的氨排放量，构建生活相关源氨排放清单，定量分析时空分布特征。

4.6.2　沥青混凝土搅拌站

沥青混凝土生产与铺路 VOCs 专项调查：通过企业填报、抽查等手段，获取通州区沥青混凝土搅拌站企业的混凝土产量和铺路名称及用量等活动水平信息，参考美国和欧盟排放因子并结合现场实测，建立排放因子数据库，量化沥青混凝土生产和铺路过程VOCs 排放。

研究方法如下：

沥青混凝土道路面层现场施工过程主要包括沥青混合料拌和、运输、摊铺和碾压阶段。通过对道路面层施工各阶段的工艺分析，识别在道路面层建设过程中 VOCs 的排放源主要为：沥青混合料自身以及施工机械、设备（工程机械，即压实机械、路面摊铺机械等，以内燃机为动力的建筑与工程机械）使用的燃料（柴油燃烧等）排放。

因为混合料自身释放的 VOCs 主要来自沥青，沥青释放的 VOCs 遍布在整个面层施工过程中，研究根据沥青 VOCs 排放系数×沥青消耗量，来计算沥青混合料释放的 VOCs 量，采用计算公式如下式：

$$E = \mathrm{EF_L} \times Q \times 1\,000$$

式中，　$\mathrm{EF_L}$——沥青排放系数，g/kg 沥青；

　　　　Q——沥青消耗量，kg。

沥青铺路也属于 VOCs 的溶剂使用源，《大气挥发性有机物源排放清单编制技术指南（试行）》建议其排放系数取 353 g/kg。沥青铺路活动水平调查参数为：石油沥青产量×沥青铺路比例。

陆秋琴等研究表明，在面层现场施工过程中，VOCs 排放的主要来源是沥青混合料。沥青混合料排放量高达机械设备总量的 110 倍。主要原因是铺路沥青加热过程会释放大量 VOCs，其排放因子高达 353 g/kg 沥青。

技术路线如下：

（1）建立北京市通州区沥青混凝土搅拌站台账

通过与区交通部门沟通和数据共享，获取通州区公路新、改建，养护工程以及城市道路养护工程施工现场临时搭建的沥青混凝土搅拌站企业名录、地理位置、沥青混凝土产量、铺设路段和用量等信息，建立详尽的北京市通州区沥青混凝土产量及用量台账。

（2）沥青混凝土生产和铺路过程 VOCs 排放因子库建立

调研沥青混凝土生产和铺路过程的 VOCs 排放环节，参考美国和欧盟的排放因子，通过现场测试确定沥青混凝土生产和铺路过程各产污环节 VOCs 本地化排放因子，结合组分测试，建立沥青混凝土生产及铺路过程常见 VOCs 组分的排放因子库。

（3）通州区沥青混凝土 VOCs 排放清单和数据库构建

基于上述收集和测试的 VOCs 排放因子数据和成分谱数据，构建基于大数据分析的通州区沥青混凝土 VOCs 排放清单，量化沥青混凝土生产和铺路过程 VOCs 排放量及空间分布特征，全面反映北京通州区沥青混凝土 VOCs 排放状况。

4.6.3　干洗店和含有机溶剂类日用消费品

对通州区在售的居民生活及商业消费中含有机溶剂的产品进行梳理，选取不同规模销售单位（超市、专卖店、零售店），完成不同类型产品的购置及销售数据调研。完成国内外相关检测分析方法的梳理和分析，明确各类产品 VOCs 含量检测分析方法，通过对购置的不同类型产品的检测分析，获得各类产品 VOCs 含量水平。基于测试得出的排放因子数据，结合调查的使用情况数据，核算北京通州地区居民生活及商业消费溶剂 VOCs 排放量。

研究方法如下：

溶剂使用的 VOCs 排放量计算参照以下公式：

$$E = \sum_n \text{EF}_i \times Q_i \times (1 - \eta)$$

式中，EF_i——第 i 种日用消费品 VOCs 排放源排放系数；

n——日用消费品 VOCs 排放源种类总数；

Q_i——第 i 种排放 VOCs 的日用消费品使用量；

η——污染控制技术对 VOCs 的去除效率。

溶剂使用源的 VOCs 排放系数采用物料衡算法估算，即溶剂中的 VOCs 全部挥发到大气中，采用溶剂中 VOCs 含量限值标准作为 VOCs 排放系数。

对于生活和商业溶剂使用排放系数，《大气挥发性有机物源排放清单编制技术指南（试行）》建议采用 0.1 kg/（人·a）；对于干洗溶剂（三氯乙烯/四氯乙烯），排放系数取 1 000 g/kg 干洗剂；对于去污脱脂类使用溶剂，排放系数取 0.044 kg/（人·a）。

对于溶剂使用源活动水平的调查参数见表 4-6。

表 4-6　溶剂使用源（日用消费品类）活动水平调查参数

溶剂使用源	对应参数
干洗衣物（三氯乙烯/四氯乙烯）	三氯乙烯/四氯乙烯（产量+进口量-出口量）
去污脱脂	人口数
生活和商业溶剂使用	人口数
烹饪	人口数

技术路线如下：

（1）通州地区在售含 VOCs 日用消费品调查

借鉴美国日用消费品分类体系，完成北京市通州区在售含 VOCs 日用消费品的梳理，选取不同规模销售单位（超市、专卖店、零售店）完成不同类型产品的购置。

（2）含 VOCs 日用消费品 VOCs 含量检测分析方法构建与检测

完成国内外相关检测分析方法的梳理和分析，明确各类产品 VOCs 含量检测分析方法，完成不同类型产品的检测分析，分别获得各类产品 VOCs 含量水平。

（3）通州区日用消费品 VOCs 排放清单和数据库构建

基于上述收集和测试的日用消费品排放因子数据，构建通州地区日用消费品 VOCs

排放清单。

4.6.4 园林绿化和森林资源

依据《第八次森林资源调查报告》、园林绿化数据库、林业资源共享数据网络、遥感解译数据等技术途径，获取北京市通州区绿地植被的生物量分布数据。按乔木、灌木、草地、花卉对植物生物量排序，筛选优势植物。开展优势植物物种 BVOCs 排放因子的测试，针对优势植物物种开展 BVOCs 组分本地化工作。分别获得各类常见植物物种 BVOCs 排放因子数据。基于上述收集和测试的 BVOCs 排放因子数据和成分谱数据，核算北京通州区 BVOCs 排放量。

研究方法如下：

植被 BVOCs 的计算方法如下，将森林树木排放的 BVOCs 分为异戊二烯、单萜烯与其他 BVOCs，GlOBEIS 模型是参照 Guenther 等提出的模型建立的。按树种类别对其分别进行估算，具体估算模型见下式：

$$E_{\mathrm{ISOP}} = [\varepsilon][D_{\mathrm{p}} D_{\mathrm{f}}][\Gamma_{\mathrm{p}} \Gamma_{\mathrm{t}} \gamma_{\mathrm{a}}][\rho]$$

$$E_{\mathrm{TMT}}、E_{\mathrm{OVOC}} = [\varepsilon][D_{\mathrm{p}} D_{\mathrm{f}}][\Gamma_{\mathrm{t}}][\rho]$$

式中，E_{ISOP}——异戊二烯排放通量；

E_{TMT}、E_{OVOC}——分别为单萜烯和其他 VOCs 排放通量；

ε——标准条件下［温度为 303 K，光合有效辐射（PAR）为 1 000 μmol/（m²·s）］

各森林树种的基本排放速率或是 BVOCs 排放因子，μg/（g·h）；

D_{p}——叶生物量密度；

D_{f}——叶生物量比例；

Γ_{p}、Γ_{t}、γ_{a}——光合有效辐射影响因子、温度影响因子、叶龄影响因子；

ρ——逸出效率。

其中，温度、光合有效辐射、云量、干旱指数、风速和大气湿度等数据可从气象部门获取。BVOCs 排放因子需要对区域内的植被进行观测。根据观测部位的不同，BVOCs（主要是异戊二烯）排放因子的测定有树叶水平和树枝水平等。由于目前北京地区的森林冠层模型自身存在着较多的不确定性，并且在现实中很难精确地模拟冠层效应，通常研究不考虑冠层对 BVOCs 排放的影响。对于没有观测结果的植物排放因子，可采用推荐值 1.5 μgC/（g·h）。李俊仪等根据已有文献和观测结果，给出了北京地区 34 种优势物种的 BVOCs 排放因子推荐值。开展地区主要植物物种的 BVOCs 排放因子系统观测、建立 BVOCs 排放因子库，是进行区域 BVOCs 估算的重要基础。

技术路线如下：

（1）通州区植物生物量分布调查

依据《第八次森林资源调查报告》、园林绿化数据库、林业资源共享数据网络、遥感数据解译等途径，获取通州区绿地植被的生物量分布数据。按乔木、灌木、草地、花卉对植物生物量排序，筛选优势植物物种。

（2）植物源挥发性有机物排放因子库构建

开展优势植物物种 BVOCs 排放因子的测试，针对优势植物物种开展 BVOCs 组分本地化工作。分别获得各类常见植物物种 BVOCs 排放因子数据。

（3）通州区 BVOCs 排放清单和数据库构建

基于上述收集和测试的 BVOCs 排放因子数据和成分谱数据，构建基于大数据分析的通州地区 BVOCs 排放清单。实现按区县、植物物种、季节等多角度排放清单，全面反映通州区 BVOCs 排放状况。

第5章 污染源普查实施步骤

根据北京市普查实施方案，普查工作分为"前期准备、清查建库、全面普查、总结发布"四个阶段，宣传动员、质量保证贯穿实施全过程：2017年开展前期准备工作，2018年完成前期准备工作、清查建库和深入开展普查工作，2019年完成成果总结与发布。

5.1 前期准备阶段（2018年3月底）

成立通州区污染源普查领导小组及其办公室，制定普查方案，落实经费渠道，掌握国家和北京市相关技术规范和普查制度、进一步明确普查各项工作要求、掌握普查信息填报等技术准备工作。开展普查宣传与培训前期工作。

① 成立区普查领导小组及办公室，筹备办公场所，制定完成区普查实施方案，落实普查经费渠道。按照相关技术规范和普查制度，制定相关的管理制度，明确普查工作各项要求。相关普查方案经区领导小组审定后报市领导小组备案。

② 开展污染源普查宣传工作，编制普查宣传方案，落实宣传渠道。按照相关要求，在普查正式开始前做好宣传工作。

③ 成立乡镇和街道普查机构，落实组织形式、机构成员、办公场所等，制定各乡镇和街道普查工作要点，上报区普查办。协助区普查办开展前期宣传培训工作。

5.2 清查建库阶段（2018年5月底）

开展污染源普查调查单位名录库筛选，开展普查清查，建立普查基本单位名录库。对伴生放射性矿产资源开发利用企业进行放射性指标初测，确定伴生放射性污染源普查对象；排查市政入河（海）排污口名录，开展排污口水质监测。

① 确定各相关部门资料收集清单，基于收集资料和数据分析，在污染源普查调查单位名录库筛选的基础上，开展辖区清查的工作，填写各类污染源清查表，建立普查基本单位名录库。

② 完成对伴生放射性矿产资源开发利用企业进行放射性指标初测，确定伴生放射性污染源普查对象。

③ 排查入河排污口名录，结合已有数据，确定开展调查的排污口，进行排污口水质和流量监测。

④ 基于已有信息，开展生活源锅炉调查，建立全区锅炉台账。

5.3　全面普查阶段（2018 年 6—12 月）

开展入户调查与数据采集、数据审核、数据汇总、质量核查与评估、建立数据库等工作。

（1）完成普查员、普查指导员选聘和培训工作（2018 年 4 月底）

区污染源普查机构统一选聘本地区的普查员和普查指导员。积极参加国家组织的培训，区普查机构工作人员和普查指导员参加市级培训，区普查机构负责培训普查员，确保所有普查工作人员全部持证上岗。区普查办拟负责组织区普查启动会一次、全体普查员技术培训一次、试点乡镇街道普查技术培训一次。

（2）推进普查试点工作（2018 年 6 月底）

确定两个乡镇或街道开展普查试点。依据本方案普查对象、普查内容和技术路线，率先开展辖区内的普查工作，明确试点乡镇工作内容、工作流程和重要注意事项。通过先行先试，完善普查制度和信息系统，理顺普查程序，总结宣传重点，形成示范经验。根据试点发现的问题，及时完善普查制度、修正普查相关技术路线，进一步深化培训工作，试点乡镇普查机构向区普查办提交试点报告，试点乡镇普查机构负责人参与到对其他乡镇的培训工作中，促使每位普查工作人员遵守普查制度，了解技术规范，掌握信息系统操作。同时加强普查宣传工作，为全面普查夯实基础。

（3）开展入户调查，继续培训（2018 年 11 月底）

根据清查基本名录库，以乡镇为单位组织各普查员和普查指导员开展入户调查。对于需要开展现场监测的污染源，制定现场采样监测方案，确定采样点位和检测指标，借助第三方检测机构力量开展现场监测，提高普查效率。乡镇普查机构负责组织各乡镇入户调查工作动员大会暨普查培训，区普查办派员参加。乡镇普查机构组织普查员按照统一要求，进行辖区内普查对象普查报表填报、录入和上传工作，普查员和普查指导员做好质量核查和初审把控。

对于调查中出现的问题，及时上报，由区普查办协调解决，不能解决的，区普查办及时上报市普查办协商解决。

入户调查期间，区普查办和普查指导员积极参加市普查办组织的培训。区普查办随时组织开展再学习培训，乡镇普查机构和普查员积极参加。同时继续做好污染源普查的宣传工作。

（4）数据审核，抽查（2018年12月底）

开展普查数据审核，进行污染源普查上报数据质量抽查。建立逐级审核机制。普查员负责数据填报初级审核，普查指导员负责下属普查员上报数据的二级审核。乡镇普查机构对辖区内上报普查数据质量负责。区普查办按不低于5%的抽查比例对各类污染源普查数据进行抽查，抽查不合格的地区要重新进行普查，通过实测与综合分析，确定排污系数，对普查报表进行数据核算，及时发现问题，对缺失和错误的数据补充监测，对需要补充的内容填写完整，初步完成系统的数据录入。

（5）数据汇总，上报（2018年12月底）

完成全区各类污染源普查报表的数据录入，完成本区污染源普查数据的最终审核，完成区污染源普查信息系统的数据录入和管理，开展数据汇总，按照北京市要求将汇总后符合质量核查要求的数据上报市污染源普查领导小组办公室审核。

5.4　总结发布阶段（2019年6月）

总结发布普查成果，开展成果分析、验收与表彰等工作。

① 区普查办进行工作总结和技术总结，编制通州区第二次全国污染源普查系列报告，开展自下而上的验收和评比，评选普查先进单位和先进个人。区级工作报告上报市级领导小组，做好相关准备，迎接北京市对区普查工作的验收。

② 发布普查成果并提出利用建议。将污染源普查工作和普查数据进行总结、提炼、分析，形成污染源普查总体报告。基于污染源普查数据库开发和完善通州区污染源数据管理信息系统；按照北京市总体安排，进行普查结果发布。

③ 建立健全普查数据库。建立区污染源数据库和信息管理平台。区普查办对全区污染源普查数据进行分析、整理，建立全区污染源普查数据信息系统，完成信息系统的管理落地，为系统、全面掌握通州区污染源动态更新和分布情况奠定基础。普查阶段详细进度安排如图5-1所示。全面普查阶段详细实施进度安排如图5-2所示。

序号	时间阶段	名称	开始日期	结束日期	持续(周)
1.1	前期准备阶段	工作方案编制	2018/1/1	2018/3/31	12
1.2		组织机构成立	2018/1/1	2018/2/28	8
1.3		方案评审	2018/3/1	2018/3/31	4
1.4		落实办公、生活场所	2018/3/1	2018/3/31	4
2.1	清查建库阶段	明确第三方机构	2018/3/1	2018/3/31	4
2.2		各部门资料收集	2018/4/1	2018/4/30	4
2.3		各类型污染源清查源建库	2018/4/1	2018/5/31	8
2.4		开展生活型污染源锅炉调查	2018/4/1	2018/4/30	4
2.5		开展入河排污口调查	2018/5/1	2018/5/31	4
3.1	全面普查阶段	市区两级培训	2018/4/1	2018/5/31	8
3.2		普查员和普查指导员聘用	2018/4/1	2018/4/30	4
3.3		全区普查技术培训	2018/5/1	2018/5/31	4
3.4		试点乡镇开展普查工作	2018/5/1	2018/6/30	8
3.5		试点成果总结、试行	2018/6/20	2018/7/10	2
3.6		通州区普查信息平台建设	2018/4/1	2018/7/10	13
3.7		工业污染源入户调查	2018/7/1	2018/10/31	16
3.8		农业污染源	2018/8/1	2018/9/30	8
3.9		集中式污染治理设施	2018/7/1	2018/8/31	8
3.10		生活源	2018/7/1	2018/9/30	12
3.11		移动源(道路与非道路)	2018/9/1	2018/10/30	8
3.12		其他补充无源调查	2018/8/1	2018/9/30	8
3.13		乡镇宣传培训	2018/6/1	2018/10/31	20
4.1	数据审核汇总	数据汇总与质量核查	2018/10/1	2018/11/30	8
4.2		审核上报	2018/11/15	2018/12/31	6
4.3		建库和数据管理	2018/11/1	2018/12/31	8
5.1	成果发布验收	成果汇总发布	2019/1/1	2019/3/31	12
5.2		验收	2019/4/1	2019/5/31	8
5.3		表彰	2019/5/1	2019/6/30	8

图例：■ 普查任务　■ 事务工作　■ 支撑保障

图 5-1　通州区第二次全国污染源普查工作进度

序号	时间阶段	名称	开始日期	结束日期	持续（周）	人员安排	成果产出	责任对象
3.1	全面普查	**工业污染源入户调查**	**2018/7/1**	**2018/9/30**	**16**	**普查员、指导员**	**工业污染源普查数据**	**普查对象**
3.1.1		确定工业污染源普查对象	2018/7/1	2018/7/14	2	普查员、指导员	结合清查名录确定入户调查对象和分组	清查名录
3.1.2		开展实地入户调查	2018/7/14	2018/10/31	14	普查员、指导员	工业污染源普查数据	普查对象
3.2		**农业污染源调查**	**2018/8/1**	**2018/9/30**	**8**	**农委、普查员**	**农业污染源普查数据**	**普查对象**
3.2.1		确定抽样调查对象	2018/8/1	2018/8/7	1	农委、普查员	结合农业普查和清查数据确定抽样调查区域和分组	清查名录
3.2.2		获取农业污染源普查数据	2018/8/7	2018/9/30	7	农委、普查员	农业污染源普查数据	普查对象
3.3		**集中式污染治理设施调查**	**2018/7/1**	**2018/8/31**	**8**	**普查员、指导员**	**集中式污染治理设施数据**	**普查对象**
3.3.1		确定污染源普查对象	2018/7/1	2018/7/7	1	普查员、指导员	结合清查名录确定入户调查对象和分组	清查名录
3.3.2		实地调研获取集中式污设数据	2018/7/7	2018/8/31	7	普查员、指导员	集中式污染治理设施数据	普查对象
3.4		**生活源调查**	**2018/7/1**	**2018/9/30**	**12**	**普查员、指导员**	**生活污染源数据**	**普查对象**
3.4.1		确定污染源普查对象	2018/7/1	2018/7/7	1	普查员、指导员	结合清查名录分类型、分组	清查名录
3.4.2		生活锅炉入户调查	2018/7/8	2018/7/22	2	普查员、指导员	生活锅炉入户调查补充数据	生活锅炉
3.4.3		入河排污口现场监测	2018/7/23	2018/8/12	3	普查员、指导员	面源雨季雨水口采样监测	雨水口
3.4.4		餐饮、理发馆、干洗店等入户调查	2018/8/13	2018/9/7	3	普查员、指导员	餐饮等生活源入户调查数据	餐饮等生活源
3.4.5			2018/9/8	2018/9/30	3	普查员、指导员	面源旱季雨水口采样监测	雨水口
3.5		**移动源**	**2018/9/1**	**2018/10/31**	**8**	**普查员、指导员**	**移动污染源普查数据**	**普查对象**
3.5.1		确定移动源普查对象	2018/9/1	2018/9/7	1	交通支队、普查员	结合清查名录分类确定现场监测和入户调查名录	清查名录
3.5.2		获取移动污染源普查数据	2018/9/8	2018/9/30	3	交通支队、普查员	移动源道路流量活动水平	道路移动源
			2018/9/30	2018/10/31	4	交通支队、普查员	重点道路抽样监测	道路移动源
3.6		**专项源补充调查**	**2018/8/1**	**2018/9/30**	**8**	**普查员、指导员**	**专项污染源普查数据**	**普查对象**
3.6.1		确定专项源普查对象	2018/8/1	2018/8/7	1	普查员、指导员	结合清查名录分类确定专项源调查内容与分组	清查名录
3.6.2		植物VOCs普查数据	2018/8/8	2018/8/19	1.5	林业局、普查员	保有量调查、排放因子观测	植物源
3.6.3		获取日用消费品普查数据	2018/8/20	2018/8/31	1.5	商委、生活源入户普查员	日用消费品使用水平	日用消费品
3.6.4		获取非道路移动机械和沥青混凝土使用量普查数据	2018/9/1	2018/9/30	4	交通、市政、农业、林业、普查员	非道路移动机械活动水平、沥青混凝土使用量	非道路移动机械、沥青混凝土
3.6.5		生活相关氨排放源数据	2018/8/1	2018/8/31	4	农委、普查员	农村与城镇生活相关氨数据	生活相关氨
3.7		**乡镇宣传培训**	**2018/6/1**	**2018/10/31**	**20**	**宣传组、第三方机构**	**乡镇宣传培训**	**普查对象、市民**
3.7.1		确认第三方技术服务商	2018/6/1	2018/6/30	4	宣传组、第三方机构	确定宣传材料及宣传方法	普查对象、市民
3.7.2		确认宣传、培训方案	2018/7/1	2018/9/30	12	宣传组、第三方机构	通州区各乡镇进行普查宣传	普查对象、市民
3.7.3		开展宣传与培训工作	2018/10/1	2018/10/31	4	宣传组、第三方机构	总结宣传结果，对薄弱环节进行二次宣传	普查对象、市民

图例：普查任务　事务工作　支撑保障

图 5-2　全面普查阶段详细实施进度

第6章 污染源普查质控管理

6.1 质控工作要点

《全国污染源普查质量管理规定》中明确指出：污染源普查质量管理工作，必须贯穿于普查方案设计、普查人员选调和培训、污染源清查、普查表填报、现场监测、普查数据审核汇总、处理和上报的全过程。

各乡镇街道级普查机构和参与普查的第三方机构按照通州区第二次全国污染源普查领导小组办公室统一要求，分类组织与实施负责的污染源普查各环节的质量控制工作，设立质量管理岗位，明确岗位责任制度，建立质量控制体系，制订详细周密的工作计划，加强人员培训与管理，形成有效的质量控制工作机制，细化、量化、实化质量控制内容，确保质量控制工作的独立性、权威性、公正性和规范性，切实提高普查工作质量。

1. 人员培训

针对各个工作岗位和工作内容，做好人员选聘工作，开展质量控制培训，明确质量控制内容、方法、操作和要求，树立质量意识，确保普查人员规范执行质量控制方法，实现质量控制目标。

2. 开展工作过程质量检查

质量控制工作必须贯穿污染源普查工作过程，根据不同阶段的工作内容，有针对性地开展质量控制，着重控制普查工作的重点、要点和关键节点，及时发现问题、及时研究问题、及时解决问题，提高质量控制的实效性。原则上入户调查要求两名普查员在场，一名负责根据污染源类型进行现场询问、交流、沟通、资料收集、拍照，另一名负责详细记录和填表，每完成一次入户调查，两名普查员应当互相核对所记录和收集的内容，确保信息填报无误，并签字确认。

3. 开展专项质量核查

围绕着质量控制目标，组织开展不同层次的专项质量核查和抽查工作，对普查的各项工作必须进行质量评估和质量验收，以质量控制记录为依据，以质量报告体现工作实绩，确保质量控制取得实效。

6.2　质控主要内容

质量控制内容是以普查的全面性和各种表格为核心，以摸底清查、全面普查和数据处理阶段为重点，严格控制普查的全面性以及表格填报的完整性、工整性、准确性、真实性、逻辑性和规范性。

1. 普查全面性

正确界定每个普查对象填报的各类表种，不漏查、漏报、漏录，不错填、错录，不重报、重录，确保普查区域的每个普查对象正确填报，保证普查区域内实际应普查对象的数量与填报表格的数量和录入软件表格的数量一致性。

2. 普查表格填报

① 完整性：按照普查和软件表格式逐项填报与录入，不得缺项、漏项。

② 工整性：填写字迹要工整、清晰，不得错格、越格，不得涂改，修改的内容要确认。

③ 准确性：按照相关的技术规定填报，不得错项、错填，确保准确无误。

④ 真实性：必须以事实为依据，文字或数据必须有据可查，真实有效，不得随意编造、估测填报内容。

⑤ 逻辑性：数据的逻辑关系必须符合相关规定，同一普查对象填报的指标与指标之间、表与表之间的平衡和逻辑关系合理，特殊情况应备注。

⑥ 规范性：填报的文字、数据和数据处理必须依据普查相关的技术规定，名称、型号、代码和法定计量单位等不得填写简称、俗称、俗名，数据处理结果要确认。

6.3　关键质控环节

北京市通州区污染源普查的质控工作，针对污染普查各个阶段的特点，采取了不同的质控措施，重点对准备阶段、全面填报阶段和数据汇总审核阶段进行质量控制。

1. 准备阶段

对准备阶段的污染源普查任务进行质量控制，主要包括完成组织的构建、人员的选聘培训、监测和清查等过程。

2. 全面填报阶段

填报阶段是普查的关键阶段，其涉及的关键质控环节包含了表格的填报、数据审核、录入、汇总分析、编写报告等主要步骤的质量控制和管理。

3. 数据汇总审核

该阶段主要是对污染源普查数据进行的最终的汇总和审核，应按照北京市的要求确保该阶段工作成果符合质量核查要求。

6.4 重要质控形式

经过培训，普查机构的普查员、数据录入员、数据处理员、普查指导员和质量管理员以及普查对象的质量管理员，对现场和各种表格进行核查、审核、抽查及质量评估与验收以完成质量控制工作。

1. 核查

普查员或普查指导员根据摸底清查的《普查对象台账》或《普查对象名录手册》，核查区域内每个污染源是否为普查对象，普查对象应填报的普查表种。

2. 审核

① 普查员对入户调查所填报的表格进行初级审核，确认信息符合普查对象调查结果。

② 普查指导员对普查员审核上报的表格进行二级审核，确认普查员审核结果。

③ 普查指导员对数据录入员和数据处理员的录入、处理软件表格进行审核，确认审核结果，确保填报表格与软件表格相一致，确保数据处理规范、有效。

3. 抽查

通过随机抽样方法对普查区域的普查质量进行现场核查和软件表格核查。

① 乡镇和街道级普查机构的质量管理员对本级各普查员负责普查区域及各种表格进行分类随机抽查，参与普查的第三方机构的质量管理员对本单位负责普查区域及内容进行分类随机抽查。现场抽查样本比例不低于 30%，其中 10%工业污染源（5%详表、5%简表）、5%农业污染源、5%生活污染源、5%移动源、5%专项补充源以及至少 1 个集中式污染治理设施，如无某类污染源，则增加其他类污染源抽查比例；各种软件表格抽查比例不低于 20%。

② 通州区普查办对每个乡镇街道级普查机构和普查指导员负责的普查上报内容进行分类随机抽查，现场抽查样本比例不少于 50 个工业污染源、20 个农业污染源、20 个生活污染源和 10 个移动源，如无某类污染源，则增加其他类污染源抽查数量；各种软件表格抽查比例不低于 5‰。

4. 质量评估与验收

通过质量控制抽查和质量控制记录，分别计算普查全面性的差错率和各种表格填报内容的差错率，根据计算结果，对照质量控制目标，当差错率小于等于质量控制目标值为合格，大于质量控制目标值为不合格，分析不合格的普查工作，提出纠正意见。

第 7 章　污染源普查实施保障

7.1　明确责任机制

按照"市里统一部署，全区统一领导、部门分工协作、乡镇分级负责、各方共同参与"的原则组织实施污染源普查工作，分"前期准备、清查建库、全面普查、总结发布"四个阶段组织进行，宣传动员、质量保证贯穿实施全过程。为了保证项目顺利实施，将建立完善的组织、协调和决策机制。针对普查涉及的各类源、各行业的普查工作，由专家、相关领域工作人员和基层实施人员共同研究讨论，充分听取各方意见，进一步保证数据的准确性和科学性。

通州区污染源普查领导小组及其办公室，按照国家和北京市的统一规定和要求，做好通州区的污染源普查工作。根据《关于同意设立北京市通州区污染源普查领导小组的批复》（通编临字〔2017〕45 号）文件，通州区污染源普查领导小组组长由通州区负责环保方面工作的副区长担任，副组长由区政府办 1 名副主任和区环保局、区统计局的主要领导担任，主要成员由区委宣传部、区发展改革委、区经济信息化委、区财政局、区人力社保局、区环保局、区住房城乡建设委、区市政市容委、区交通局、区农委、区水务局、区商务委、区卫生计生委、区统计局、区农业局、区园林绿化局、中关村科技园通州园管委会、区种植中心、区地税局、市工商局通州分局、区质监局、区食品药品监管局、市国土局通州分局、市路政局通州公路分局、市交管局通州交通支队及各乡镇人民政府、各街道办事处的主要领导担任。

领导小组及其办公室应充分利用报刊、广播、电视、网络等各种媒体，广泛深入地宣传全国污染源普查的重要意义和有关要求，为普查工作的顺利实施营造良好的社会氛围。对普查工作中遇到的各种困难和问题，要及时采取措施，切实予以解决。按照分级保障原则，区财政应根据工作需要统筹安排，保障污染源普查人员、培训、宣传等工作所需经费。

区污染源普查领导小组办公室按照北京市普查工作的统一要求和安排，结合实际情况，制定具体实施方案，认真扎实地做好各阶段工作，确保全区普查工作的顺利进行。组织普查质量管理工作，建立覆盖普查全过程、全员的质量管理制度并负责监督实施。各乡镇普查机构要认真执行污染源普查质量管理制度，设立专职质量管理岗位，做好污染源普查质量保证和质量管理工作。

建立健全普查责任体系，明确主体责任、监督责任和相关责任。建立普查数据质量溯源和责任追究制度，依法开展普查数据核查和质量评估，严厉惩处普查违法行为。

按照依法普查原则，任何地方、部门、单位和个人均不得虚报、瞒报、拒报、迟报，不得伪造、篡改普查资料。各级普查机构及工作人员，对普查对象的技术和商业秘密，必须履行保密义务。

区普查领导小组办公室对普查工作实行月调度、季通报的督办制度，各乡镇要适时组织对普查工作进行督导检查，对发现的问题要加强督办、及时整改；对工作积极、成效明显的单位和个人予以表扬；对落实不力、违法违规的单位和个人要严肃问责，切实保障普查各阶段的工作进度和质量。

通州区第二次全国污染源普查机构组织架构见表7-1。

表7-1　通州区第二次全国污染源普查机构组织架构

名称	组长（主任）	副组长（副主任）	成员
普查领导小组	通州区副区长	区政府办1名副主任和区环保局、区统计局局长	成员单位负责人
领导小组办公室	环保局局长	统计局局长	成员单位主管领导
环保局内设机构	环保局局长	环保局副局长	各科科长
环保局普查执行办公室	环保局副局长	—	环保局局内6人、成员单位抽调人员

7.2　落实任务要求

北京市第二次全国污染源普查工作已经全面展开，通州区普查领导小组要加强对普查工作的组织领导，健全工作机制、制订工作计划、细化工作任务、明确职责分工，做好宣传动员和业务培训，加强各部门之间的沟通衔接，定期召开工作协调会，及时发现和解决普查工作中遇到的困难和问题。确保完成通州第二次污染源普查工作，配合好国家和市里进行相关审核工作；完成本区第二次污染源普查的质量控制工作，数据质量符合国家要求；完成国家、北京市和本区规定的第二次污染源普查相关监测工作；结合普查工作，按照国家和本市要求，开展污染源普查宣传；完成北京市自行要求开展的专项调查研究工作，完成相关研究报告。

成立通州区污染源普查领导小组及其办公室，按照市领导小组及其办公室的统一要求，负责组织本区的污染源普查工作。区污染源普查领导小组负责领导和协调全区污染源普查工作。区污染源普查领导小组办公室设在环境保护局，负责污染源普查日常工作。区污染源普查领导小组成员单位的职责分工由区污染源普查领导小组办公室相关方面确定。

区人民政府污染源普查领导小组，按照全国污染源普查领导小组的统一规定和要求，领导和协调本行政区域内的污染源普查工作。对普查工作中遇到的各种困难和问题，要及时采取措施，切实予以解决。

区人民政府污染源普查领导小组办公室设在通州区环境保护局，负责本行政区域内的污染源普查日常工作。乡（镇）人民政府、街道办事处和村（居）民委员会应成立普查机构并认真做好本区域普查工作。重点排污单位应按照环境保护法律法规、排放标准及排污许可证管理等相关要求开展监测，如实填报普查年度监测结果。各类污染源普查调查对象和填报单位应当指定专人负责本单位污染源普查表填报工作。充分利用相关部门现有统计、监测和各专项调查成果，借助购买第三方服务和信息化手段，提高普查效率。发挥科研院所、高校、环保咨询机构等社会组织作用，鼓励社会组织和公众参与普查工作。

通州区第二次全国污染源普查执行办公室任务分解见表7-2。

表7-2 通州区第二次全国污染源普查执行办公室任务分解

序号	名称	主要任务
1	综合组	技术培训、活动安排、档案管理、财务管理、后勤保障
2	筹备组	人员安排、会议筹备
3	技术组	数据汇总、审核监测数据、质量控制核查
4	宣传组	组织开展宣传动员、舆情监测、编发信息简报
5	协调监督组	协调沟通、督察督办
6	审核组	数据上报审核

7.3 严格管理机制

在普查开始初期明确管理制度，包括各类管理文件的发布，如普查员和普查指导员选聘办法、数据质量保证、数据提交与层级审核机制、入户清查与入户普查管理制度、档案管理制度、普查员组织纪律制度等，切实落实责任到人，建立清晰的分级管理制度，从而保证普查工作顺利、高效、保质、保量开展。

7.4　做好技术培训

积极参加北京市第二次全国污染源普查领导小组办公室组织的对区级普查机构工作人员和普查指导员的培训，区普查机构负责普查员的培训。培训内容包括：污染源普查方案，普查方法，各类普查表格和指标解释、填报方法，普查数据录入软件的使用，数据库的管理和普查工作中应注意的问题等。培训包括管理制度培训和技术指导培训。

1. 普查会议

普查会议包括：普查动员会议；全区数据审核、汇总会；专家会审会；普查总结表彰会；北京市对通州区普查工作验收检查会议及相关工作；相关学术会议。

2. 普查培训

普查培训包括：普查业务培训，数据录入培训，质量审核培训，赴其他省市、区县进行考察调研。

为满足普查员入户工作需要，计划召开基础培训和过程培训共 3 次，每次会期 2～3天，其中普查员和普查指导员的培训分级分类进行。计划对通州区约 550 名普查指导员、普查员，通过集中授课、幻灯片演示、分组讨论、统一答疑和现场总结等多种培训形式，提高他们的业务知识水平。主要培训由国家污染源普查机构负责印发的普查培训教材（包括普查手册）等材料，以教员面授为主，结合讨论、练习、测试等方式进行。培训结束时，由通州区第二次全国污染源普查领导小组办公室统一出题组织测试，经测试合格者，由北京市第二次全国污染源普查办公室统一登记在册，颁发普查员、普查指导员证，由通州区普查办办理聘任手续。培训测试不合格的人员不能发给证书，不能上岗从事污染源普查工作。通过培训，使普查员和普查指导员明确普查目的、意义，掌握普查对象、范围、指标含义及普查的具体操作要求等，提高普查人员的实际操作水平，保证普查质量和普查工作顺利完成。

7.5　扩大宣传动员

区污染源普查领导小组办公室要按照国发〔2016〕59 号文件要求，指导区普查机构深入开展宣传工作，充分利用报刊、广播、电视、网络等各种媒体，广泛动员社会力量参与污染源普查，为普查的顺利进行创造良好的舆论氛围。要根据普查不同阶段宣传的重点，有计划、有重点、有针对性地开展污染源普查宣传工作并编制动态工作简报。设计、制作普查宣传海报、视频短片等，在重点城市人流密集区域张贴、播出。开展普查实名微博、微信公众号等新媒体建设及运营，开设并维护普查网站运行。加强领导，明确责任，精心策划，确保宣传效果。宣传培训主要工作分为普查宣传、舆情监测两类，包括组织动员、宣传、检查验收、总结、表彰等核心内容。

1. 普查宣传

普查宣传包括：纸媒新闻刊发、公益广告制作与投放；电视公益广告制作与投放；公交候车亭公益广告制作与投放；入户宣传彩页制作与投放；社区科普宣传栏公益广告制作与投放；"致通州市民的一封信"的制作与投放；微博、微信运营等新媒体宣传；电梯公益广告制作与投放；高速路单立柱广告制作与投放；工作纪录片制作；宣传品制作；电子版公益海报制作。

2. 舆情监测

同时开展舆情监测工作。对微博、微信、新闻、网站、客户端、电子报、报纸、杂志、广播、电视等全媒体刊发推送的与通州区普查工作相关的内容进行舆情采集、统计分析，并撰写舆情报告；普查工作重要节点、事件进行舆情预警与撰写专项报告；针对特定媒体所刊发相关普查工作内容的舆情进行监测。

通过宣传，扩大和提升各乡镇街道级人民政府及区直各职能部门、普查对象以及全社会对普查工作重要性及其意义的认识。让普查活动家喻户晓，充分动员社会各方面力量积极参与，为普查工作的顺利实施创造良好的社会氛围。通过宣传教育普查范围内的单位，按照普查具体要求，按时、如实地填报普查数据，确保基础数据真实可靠。建立普查交流平台，反映普查动态，交流经验心得。发挥新闻媒体的监督作用，教育和揭露个别地方、部门、单位和个人虚报、瞒报、拒报、迟报，伪造、篡改污染源普查资料的行为。宣传普查机构和人员应对普查对象的技术和商业秘密履行保密义务。以宣传普查工作成果为载体，利用普查成果反映当前环保工作存在的问题和取得的成就，体现经济发展和环境保护的互动关系，让群众认知环境保护与可持续发展在全面建成小康社会中的重要作用和地位，引导全社会落实科学发展观，实行科学的生产和消费模式，加快生态文明体制改革，建设美丽首都城市副中心。

7.6 调动乡镇力量

按照通州区第二次全国污染源普查相关部署，积极调动各乡镇和街道力量。乡镇和街道普查机构为普查员选聘工作的承担主体。乡镇普查机构落实属地管理职责，按照全区普查工作的统一要求和安排，结合实际情况，制定具体实施方案、制订入户调查计划，并分区分组安排，落实人员、交通等保障任务，认真扎实地做好各阶段工作，确保全区普查工作的顺利进行。

依照《第二次全国污染源普查普查员和普查指导员选聘及管理工作指导意见》和《北京市通州区第二次全国污染源普查普查员和普查指导员选聘及管理工作办法》的有关规定，在区普查办的指导下开展普查员选聘工作，各乡镇和街道普查机构选聘普查员数量指标如表 7-3 所示。各乡镇和街道普查机构推选的聘用人员参与区普查办组织的普查培训并考试合格后，由区普查办统一上报北京市污染源普查办公室，登记造册，颁发普查员证件。由区普查办委托各乡镇和街道普查机构履行普查员聘用手续。

表 7-3　各乡镇和街道普查机构选聘普查员数量指标

序号	乡镇名称	工业源	餐饮服务源	生活锅炉	行政村与社区	畜禽养殖	市政排水口	其他源	合计
1	北苑街道								
2	新华街道								
3	玉桥街道								
4	中仓街道								
5	漷县								
6	梨园								
7	潞城								
8	马驹桥								
9	宋庄镇								
10	台湖								
11	西集								
12	永乐店								
13	永顺								
14	于家务								
15	张家湾								
总计									

积极组织各乡镇和街道参与市级和区级组织的普查宣传与培训活动，加大重视力度，确保普查工作在基层乡镇和街道层面的顺利推动和保障实施。

各乡镇和街道普查机构在全面开展普查工作以前，应当组织辖区内普查对象，特别是工业污染源企事业单位，参与普查宣传培训活动，使乡镇和街道辖区内的普查对象了解普查的重大意义、普查相关要求和自身义务，积极配合开展入户调查，履行普查义务，准备和提供入户调查所需生产原辅材料、产能产量、污染排放情况、污染治理设施情况等数据和信息，确保普查工作的顺利实施。针对普查对象的宣传培训活动应在辖区全面开展入户调查前1～2周进行，并将培训计划报区普查办。培训活动由乡镇和街道污普机构组织开展，区普查办、参与普查的第三方机构和试点乡镇街道普查业务骨干人员作为教员参与培训活动。

各乡镇和街道普查机构负责协调各类污染源普查员的分类调查、入户安排、调查路线设置、与村委会的对接等工作，确保普查工作顺利实施。同时各乡镇和街道普查机构应当配合区普查办和参与普查的第三方机构开展普查对象现场监测活动，负责采样场地、工具设备、采样路线、人员时间等现场协调工作，确保采样监测活动顺利进行。

各乡镇和街道普查机构应与辖区内参与普查的第三方机构人员、普查指导员共同构成乡镇街道普查数据初核小组，对普查员提交的数据信息进行初步汇总和校验核实，严格按照市级和区级普查培训中要求的数据填报方法和规范进行普查数据的整理汇总。做到及时发现问题、解决问题，乡镇和街道普查机构无法解决的问题应上报区普查办协商解决。

各乡镇和街道由环保科或经济发展科抽调1名专职人员到区普查办数据审核组，负责本辖区污染源普查审核工作。本辖区内聘用普查员填报和上报信息经由负责该小组的普查指导员（或数据初核小组）汇总、审核后，上报至区普查办乡镇街道审核员处二审和数据分析，审核确认后提交至区普查办质量控制组，与技术指导组共同核实数据无误后，形成最终上报材料。

第8章　区县普查经费预算编制要点

本次普查工作经费由上级财政和区财政分担。中央财政负担部分，由财政部按部门预算管理要求，列入相关部门的部门预算。北京市财政负担部分，由北京市财政根据工作需要统筹安排。区财政负担部分，由区财政根据工作需要统筹安排。中央财政安排经费主要用于：研究制定全国污染源普查方案，编制污染源普查涉及的监测、调查、质量管理等相关规范；开展普查表格设计、软件及信息系统开发建设，宣传、培训与指导，普查试点，普查质量核查与评估，全国数据汇总、加工，建档、检查验收、总结等。北京市和通州区财政安排经费主要用于：地方污染源普查实施总体方案制定，组织动员、宣传、培训，入户调查与现场监测，普查人员经费补助，办公场所及运行经费保障，普查质量核查与评估，购置数据采集及其他设备，普查表印制、普查资料建档，数据录入、校核、加工，检查验收、总结、表彰等。

按照国家下发的《第二次全国污染源普查项目预算编制指南》要求，认真编制通州区普查经费预算方案，切实保障普查各阶段经费需求。预算编制要以工作内容为基础，条目清晰，便于评审。费用标准要严格按照国家有关规定执行。本项目根据国家要求，需要财政予以保障，由相关部门按要求列入部门预算，因此，需按照预算要求投入，应全部为财政资金支持。通州区污染源普查领导小组办公室根据普查方案确定年度工作计划，领导小组成员单位据此编制年度经费预算，经同级财政部门审核后，分别列入各相关部门的部门预算，分年度按时拨付。

本项目资金预算中的支出明细预算包括日常办公费、普查员和普查指导员聘用和培训费、普查试点费、普查检测费、委托第三方服务费、普查宣传费、表彰奖励费、财务审计费、交通费。详细支出预算见表8-1。

表 8-1　项目详细预算

序号	项目名称	子项名称	费用/万元	测算依据
1	日常办公费	办公室租赁		15 人，人均 9 m²，50 m² 资料室，50 m² 会议室，共计约 240 m²，租期 2 年
		办公设备		20 人，各类办公家具、数据处理设备、办公电器、传真复印扫描打印机、录音笔、照相机、投影仪等
		参加市级培训		5 次，每次 3 人，每次 3 天
		外地调研差旅		重庆市、上海市、河北省、广东省
2	普查员和普查指导聘用和培训费	普查员工资		普查员 500 名，聘用期 4 个月，每月工资 4 000 元
		普查指导员工资		指导员 50 名，聘用期 4 个月，每月工资 5 000 元
		普查员培训		四类会议召开 3 次，每次 3 天，每次预计 200 人，会议费标准 550 元/（人·d）
3	普查试点费			2 个乡镇/街道试点，每个 10 万元
4	普查检测费	点源检测		重点工业污染源、集中式污染源、规模入河排污口的废水、废气污染物
		非点源检测		市政排水管网出口开展降雨监测
5	委托第三方服务费	普查结果现场评估校核		编制评估工作方案、普查数据现场核实、汇总核算过程监控
		普查技术指导		编制普查工作方案、数据管理和综合控制、污染源数据审核、数据处理、统计分析
		专项调查费		VOCs 专项调查费用
		数据库与集成利用信息平台开发		普查数据处理方案、基本单位名录库、数据录入、审核、管理、上报、发布系统
		成果总结与展示		数据加工、在线展示、成果出版、专题报告编制等
6	普查宣传费			明确宣传内容和方案
7	表彰奖励费			先进单位、先进个人
8	财务审计费			全过程项目管理和财务审计
9	交通费			普查期间发生交通费用，包含租车费和油费

8.1　日常办公费

日常办公费包括办公室租赁费用、办公设备费、管理人员参加北京市培训，前往先进省市调研外地差旅费。

8.1.1　办公室租赁

为保证工作正常开展，需要租用办公室（目前环保局办公条件不足）。计划常驻办公人员 15 人，按照人均 9 m²，50 m² 资料室，50 m² 会议室，共计约 240 m²，租期 2 年，时间为 2018 年 1 月—2019 年 12 月。

8.1.2　办公设备

综合小组预计工作人员 20 人。需配备相应的办公设备，包括桌椅、文件柜等办公家具，办公电脑、保密电脑、专用服务器、手持终端、网络服务卡、便携式电脑、壁挂式空调、柜式空调、传真复印扫描一体机、打印机、照相机、录音笔、投影仪、移动硬盘等。其中桌椅、文件柜等办公家具和办公电脑、便携式电脑、传真复印扫描一体机、打印机、照相机、录音笔等由区政府统一调配，数量若不足再采购。对于普查所需的保密电脑、专用服务器、壁挂式空调、柜式空调、手持终端、网络服务卡等按需进行采购（表 8-2）。

表 8-2　办公设备支出明细

支出项目	支出项目明细	单位	数量
办公家具	办公桌（京泰，办公桌）	张	20
	办公椅（京泰，扶手椅）	把	20
	文件柜（京泰，文件柜）	组	20
	会议桌（京泰，会议桌）	张	1
	会议椅（京泰，转椅）	把	20
数据处理设备	专用服务器	台	4
	台式电脑（联想 ThinkCentreM710t-D749）	台	4
	保密电脑	台	16
	便携式保密电脑（联想昭阳 K42-80019）	台	20
	普查手持终端（试点和数据校核）	台	20
	网络服务卡	张	500
办公电器	壁挂式空调［海尔 KFR-26GW/07NCA22A（变频 2600W）］	台	3
	柜式空调［海尔 KFRd-120LW/51BAC12（定频 12000W）］	台	2
传真复印扫描	一体机（联想 CF2090DWA）	台	2

支出项目	支出项目明细	单位	数量
打印机	打印机（联想 CS2010DW）	台	4
照相机	照相机（索尼 ILCA-77M2）	台	1
录音笔	录音笔（联想 B750 16G）	只	2
投影仪	投影仪（爱普生 CB-2065）	台	1
移动硬盘	移动硬盘（联想 F310S-2TB）	个	20
其它	电脑耗材和网络服务		

8.1.3　管理人员参加北京市培训

根据第一次全国污染源普查经验，结合第二次污染源普查工作方案涉及的污染源类别，预计北京市将组织全市范围培训约 5 次，分别为综合技术指南培训会、普查数据填报项目及系统培训会、数据质量全过程控制培训会、各类源排放量核算培训会、最终数据成果汇总应用培训会，每次 3 人，每次 3 天。

8.1.4　前往先进省市调研差旅

重庆、上海均为直辖市，涉及污染源种类和分布有一定的相似性，即移动源以及人口增长所带来的生活源污染逐渐上升，因此需进行调研和经验交流。河北为京津冀协同发展的重要地区，为了在数据调查审核上保持相对一致，需赴石家庄进行调研和经验交流。广东是此次污普试点省市并获得环保部的表扬，为借鉴其先进经验需赴广州进行调研。

8.2　普查员和普查指导员聘用和培训费

普查员和普查指导员聘用和培训费用包括普查员工资（含市内交通费），普查指导员工资（含市内交通费），普查员培训费用。

8.2.1　普查员聘用

按照普查员配备数量原则：①每 20 个工业污染源和集中式污染处理设施配备 1 名普查员；②每 30 个规模化畜禽养殖场或 5 个行政村配备 1 名普查员；③每 40 个生活污染源

配备 1 名普查员。

污染源普查以街乡为单位，必须充分依托各街乡、社区、村，发挥属地管理作用，尽到环保工作职责，保证污染源普查工作做到深入、细致、全面。需每个乡镇抽调 1 名专职人员到区普查办公室，作为负责本辖区污染源普查的审核负责人。

依据 2015 年"环保大检查"成果、《北京市通州区统计年鉴（2016 年）》统计数据及普查员配备数量比例，需配备工业源普查员 278 名，畜禽养殖普查员 4 名，行政村普查员 118 名，集中式污染处理设施普查员 8 名，现有燃气锅炉普查员 74 名。

通州区需配备普查员约 500 名，按照普查指导员配备比例，需配备普查指导员 50 名。以聘用时间为 4 个月计算（主要是参加市区两级组织的培训、污染源清查、污染源入户普查、数据核定等工作）。

8.2.2 普查指导员聘用

通州区需配备普查员约 500 名，按照普查指导员配备比例，每 10 名普查员配备 1 名普查指导员，需配备普查指导员 50 名。以聘用时间为 4 个月计算（主要是按照普查机构工作部署对普查员进行指导，掌握工作进度和质量，对普查员提交报表进行审核）。

8.2.3 普查员培训

为满足普查员入户工作需要，需要支付培训会议费，根据《中央和国家机关会议费管理办法》，按照四类会议标准，计划召开基础培训和过程培训共 3 次，每次会期 3 天，每次预计 200 人参加。

8.3 普查试点费

选取 1 个乡镇、1 个街道进行普查试点。

8.4 普查检测费

按照国家和北京市的普查技术路线的要求，需要对重点污染源、集中式污染源和入河排污口进行检测，根据检测结果计算排放量。现场检测费用包括点源检测费（含采样费用），非点源检测费（含采样费用）。

8.4.1 点源检测

重点污染源需要监测项目：废水污染物：化学需氧量、氨氮、总氮、总磷、石油类、挥发酚、氰化物、汞、镉、铅、铬、砷；废气污染物：二氧化硫、氮氧化物、颗粒物、挥发性有机物、氨、汞、镉、铅、铬、砷。

集中式污染源需要监测项目：废水污染物：化学需氧量、氨氮、总氮、总磷、五日生化需氧量、动植物油、挥发酚、氰化物、汞、镉、铅、铬、砷；废气污染物：二氧化硫、氮氧化物、颗粒物、汞、镉、铅、铬、砷。

入河排污口需要监测的项目：废水污染物：化学需氧量、氨氮、总氮、总磷、五日生化需氧量、动植物油。

对于点源检测费用报价可参考地方环境监测废物收费标准进行估算，包括水质化验分析过程的采样费用、前处理费用、仪器开机费用及检测分析费用等。相关交通工具和仪器设备租赁价格参考有关技术服务提供机构所提供的报价。

8.4.2 非点源检测

根据北京市第二次全国污染源普查的补充要求，选取代表性下垫面和城市排水管网出口，在降雨过程中进行监测，包括 COD、氨氮、总磷、总氮等常规污染指标及汞、铅、锌等几项重金属指标，并开展全过程质控，摸清典型下垫面及降雨径流的污染特征，为污染总量估算提供基础。

8.5 委托第三方服务费

委托第三方服务费，包括普查结果现场评估校核、普查技术指导、专项调查、普查数据库与集成利用信息平台开发、普查成果总结与展示。针对污染源普查技术要求高的特点，需要聘请第三方技术服务机构开展技术支持工作，主要工作内容包括以下几个方面：

8.5.1 普查结果现场评估校核

根据国家和北京市的要求需在普查领导小组办公室设立专门的效果评估岗位，对污染源普查实施中的每个环节进行质量控制和检查验收。一是协调各区进行清查、报表填报、录入、汇总等各环节的数据上报工作；二是对技术审核小组提供的审核数据进行审核和抽查，对普查最终结果进行评估如表 8-3 所示。

表 8-3　普查结果现场评估校核内容

序号	分工	工作内容及工作量
1	编制评估工作方案	按照国家、北京市及本区相关文件要求和技术标准，编制评估工作方案
2	普查数据现场核实	负责全区的清查、报表填报、录入、汇总等主要环节的协调，以及工业、农业、生活、集中式污染治理设施、移动源和专项源六类污染源数据审核和抽查
3	汇总核算过程监控	负责对全区基础数据汇总、排放量核算等过程和结果进行质量控制

8.5.2　普查技术指导

普查技术指导包括普查工作方案编制，普查数据管理和综合控制，工业源数据审核，生活源和集中处理设施数据审核，移动源、VOCs、生活垃圾等污染源调查数据审核，农业源数据审核，数据的总体协调和日常高级审核，以及普查现场检测数据的处理与统计分析如表 8-4 所示。

表 8-4　普查技术指导内容

序号	服务内容	技术服务工作详细内容
1	编制普查工作方案	按照国家及本市相关文件要求和技术标准，编制通州区第二次污染源普查工作组织实施方案
2	普查数据管理和综合控制	全区工业行业，生活、农业、移动等其他源类全部数据
3	工业源数据审核	全区工业污染源
4	生活源和集中处理设施数据审核	通州区目前已有集中式污染处理设施〔集中污水处理设施、集中废气处理设施、集中垃圾填埋场（含临时场）、危废处置场〕
5	移动源、VOCs、生活垃圾等污染源调查数据审核	机动车、全区所有居民日用品
6	农业源数据审核	规模化畜禽养殖业
7	数据的总体协调和日常高级审核	全区数据审核及协调
8	普查现场检测数据的处理与统计分析	排放量核算及政策建议

1. 编制普查工作方案

根据国家和北京市要求，制定通州区第二次全国污染源普查的工作方案、具体实施方案，以及制定此次调查包含的工业污染源，农业污染源，生活污染源，集中式污染治理设施，移动源及其他产生、排放污染物的设施等各类污染源调查的技术文件。

2. 普查数据管理和综合控制

针对各区入户调查填报的数据，进行基础技术审核，对其准确性、合理性进行判断，及时发现数据中存在的错误，以便在早期发现问题，及时调查补充。

3. 工业源数据审核

对全区工业污染源数据进行审核。

4. 生活源和集中处理设施数据审核

通州区目前已有集中式污染处理设施类型主要包括集中污水处理设施、集中废气处理设施、集中垃圾填埋场（含临时场）、危废处置场。

5. 移动源、VOCs、生活垃圾等污染源调查数据审核

对机动车和非道路移动污染源数据进行审核。其中，非道路移动污染源包括飞机、船舶、铁路内燃机车和工程机械、农业机械等非道路移动机械。对生活源中涉及居民使用的日用消费品所调查的 VOCs 数据进行审核。

6. 农业源数据审核

对全区包含种植业、畜禽养殖业和水产养殖业的所有农业源数据进行审核。

7. 数据的总体协调和日常高级审核

负责数据审核小组的日常工作和相关部门的协调以及全组日常办公，对前述各组审核的数据进行全面校验。

8. 普查现场检测数据的处理与统计分析

数据处理分析，结合已有排放因子，分别核定重点污染源和非重点污染源排放量，

核算全区或者乡镇污染物排放量；根据行业特征和管理需求，提出各类别排放源规模限；从施工/种植需求出发，为规模以下非道路机械管理提供政策建议。

8.5.3　专项调查

通州区其他类重点 VOCs 专项调查费用，包括植物源、日用消费品、沥青混凝土生产和铺路过程 VOCs、生活相关氨排放源、非道路机械活动强度专项调查费用，具体如下：

1. 植物源 VOCs 专项调查

表 8-5　植物源 VOCs 专项调查科目费用说明

序号	预算科目名称	说明
1	设备费	购买光照数据采集器、光合有效辐射传感器，用于植物源挥发性有机物排放通量的观测
2	材料费	主要用于植物分布现场调查、观测植物源挥发性有机物材料费
3	测试化验加工费	主要用于不同类型植物（乔、灌、草）排放挥发性有机物质检测
4	燃料动力费	主要用于现场观测过程中的电费以及租车费等
5	差旅费	郊区调研差旅费
6	会议费	专家咨询会
7	出版/文献/信息传播/知识产权事务费	用于购买外文文献、标准、参考书、植被电子地图、植被生物量分布数据
8	劳务费	聘用研究生和临时技术人员
9	专家咨询费	专家咨询费
10	人员费用	在职研究人员绩效收入

2. 日用消费品 VOCs 专项调查

表 8-6　日用消费品 VOCs 专项调查科目费用说明

序号	预算科目名称	说明
1	材料费	采购通州区在售胶黏剂、干洗剂、个人护理产品、家用产品、汽车售后服务产品、杀菌剂等含 VOCs 产品，按 12 类产品，每个产品采样 10 种（不同厂家，不同品牌，不同销售途径）
2	测试化验加工费	开展不同类型胶黏剂、密封剂、干洗剂、个人护理产品与家用产品、汽车售后服务产品、杀菌剂 VOCs 含量与组分分析，按每个样品 1 000 元计
3	燃料动力费	主要用于检测分析过程中的电费以及租车费等

序号	预算科目名称	说明
4	差旅费	通州区调研、采样差旅费
5	会议费	课题实施过程中，召开项目协调会、结题验收会
6	出版/文献/信息传播/知识产权事务费	文献材料报告及图纸打印、复印、装订费，技术资料书籍购置费，论文版面费，邮寄资料样品等通信费
7	劳务费	聘用临时劳务人员和硕士研究生
8	专家咨询费	用于课题实施过程中召开各类专家咨询会议、专业技术咨询等

3. 沥青混凝土生产和铺路过程 VOCs 专项调查

表 8-7　沥青混凝土生产和铺路过程 VOCs 专项调查科目费用说明

序号	预算科目名称	说明
1	材料费	主要用于购置沥青混凝土现场调查、排放因子和组分测试所需的材料费
2	测试化验加工费	主要用于不同排放环节 VOCs 排放因子和组分测试
3	燃料动力费	主要用于现场观测过程中的电费、燃料费以及租车费等
4	差旅费	调研差旅费
5	会议费	专家咨询会
6	出版/文献/信息传播/知识产权事务费	用于购买外文文献、标准、参考书等数据
7	劳务费	聘用研究生和临时技术人员
8	专家咨询费	专家咨询费

4. 生活相关氨排放源专项调查

表 8-8　生活相关氨排放源专项调查科目费用说明

序号	预算科目名称	说明
1	材料费	主要用于购置现场氨分析仪和通量箱监测所需滤膜、高纯空气等
2	测试化验加工费	主要用于典型企业氨排放现状监测
3	差旅费	郊区调研、监测差旅费和仪器搬运费
4	会议费	专家咨询会产生的餐费
5	出版/文献/信息传播/知识产权事务费	用于资料和报告打印装订等
6	劳务费	聘用临时技术人员开展项目调研等
7	专家咨询费	专家会所需的专家咨询费
8	委托调查服务费	用于农村厕所使用情况调查

5. 非道路机械活动强度专项调查

表 8-9　非道路机械活动强度专项调查科目费用说明

序号	预算科目名称	说明
1	委托调查劳务费	用于活动水平清查、项目管理、数据分析等
2	专用设备与材料购置费	用于购置专用设备及滤膜等
3	咨询费	用于项目专家咨询
4	差旅及交通费	市内调研、采样差旅费
5	会议、培训费	2 次会议，1 个培训班
6	邮电、快递费	—

8.5.4　普查数据库与集成利用信息平台开发

制定通州区污染源普查数据处理总体方案、基本单位名录库建设方案。通州区污染源基本单位名录库数据预处理、建库及管理系统建设。通州区普查数据汇总审核及校验分析工具开发，搭建污染源普查信息系统运行支撑环境。编制通州区污染源基本单位名录筛选、污染源普查数据处理流程以及运行环境要求等技术规定，信息系统部署、实施、集成、测评及运行保障等。开展普查数据加工、分类汇总、在线展示、可视化发布、普查公报编制、普查档案管理、普查成果汇总等数据库和信息化服务平台建设。为开展基于普查结果的污染源和风险源分级与制图、编制分区域污染物排放清单、开展多污染物协同控制等相关工作提供信息化技术支撑。

8.5.5　普查成果总结与展示

采取购买第三方服务和监测中心分析相结合的方式开展，购买的服务包含但不限于：开展普查监测数据加工、分类汇总、在线展示、普查成果可视化发布、档案管理、普查成果汇总出版、普查专题报告撰写。开展基于普查结果的污染源和风险源分级与制图、编制分区域污染物排放清单、开展多污染物协同控制等相关工作。

8.6　普查宣传费

按照国家和北京市的要求，需要在电视、报纸、户外广告、微信、微博等媒体上进行第二次全国污染源普查宣传工作，并印制发放宣传册、横幅等开展宣传工作。

8.7　表彰奖励费

按照实际工作情况，评选普查先进单位、先进个人并给予奖金。计划评选 5 个先进单位；评选 50 名优秀工作人员。

8.8　财务审计费

审计费用按照总项目费用的 5‰ 估算，增加一个子单位按增加 0.3 万元计费，具体可协商调整。

8.9　交通费

普查期间发生交通费用包含租车费和油费。

1. 租车费用

① 参加市、区级培训、宣传活动，开展乡镇街道与区普查办协调工作、赴区人民政府或市普查办汇报等活动；

② 开展现场监测、入户调查、抽样调查、专项调查等活动需租用现场用车 15 辆（各乡镇街道配备 1 辆，其余所需车辆乡镇街道自备）。

2. 普查员入户调查交通费

交通费主要为各乡镇街道开展入户调查以及参加市级培训等活动时产生的油费。入户调查按照现代轿车油耗 8 L/100 km，92# 油价 6.98 元/L 计，各乡镇按照 2 个普查员一组，一组每天 2 个普查对象，平均每组入户调查时长 4 个月，每月工作 22 天计算。往返平均距离指从镇政府到普查对象的平均距离。

第 9 章　通州区第二次全国污染源普查工作方案配套文件

序号	名称	类型
9.1	北京市通州区第二次全国污染源普查领导小组成员单位职责分工	管理文件
9.2	关于第三方机构参与北京市通州区第二次全国污染源普查工作管理办法	管理文件
9.3	北京市通州区第二次全国污染源普查普查员和普查指导员选聘及管理工作办法	管理文件
9.4	北京市通州区第二次全国污染源普查采样检测服务质量保证和质量控制技术规定	技术文件
9.5	北京市通州区第二次全国污染源普查乡镇和街道工作要点	技术文件
9.6	北京市通州区第二次全国污染源普查宣传工作方案	技术文件
9.7	北京市通州区第二次全国污染源普查质量保证和质量控制工作细则	技术文件
9.8	北京市通州区第二次全国污染源普查培训实施方案	技术文件
9.9	北京市通州区第二次全国污染源普查项目财务管理和审计相关规定	管理文件
9.10	北京市通州区第二次全国污染源普查数据和档案保密工作制度	管理文件
9.11	北京市通州区第二次全国污染源普查档案管理办法	管理文件
9.12	北京市通州区第二次全国污染源普查评比表彰工作细则	技术文件

9.1 北京市通州区第二次全国污染源普查领导小组成员单位职责分工

一、总体原则

按照国家和北京市方案的有关要求，通州区污染源普查领导小组成员单位的职责分工总体原则如下：

1. 本区普查工作由区污染源普查领导小组统一领导。

2. 区环保局与区统计局牵头负责全区污染源普查工作，区环保局承担全区污染源普查领导小组办公室日常工作。

3. 领导小组其他成员单位参与编制和审议污染源普查方案及各阶段工作方案，指导和督促检查各乡镇和街道污染源普查工作，推动本系统参与和支持污染源普查工作，并按照各自职责协调落实相关事项。

二、具体分工

1. 区环保局

负责拟定全区污染源普查实施方案和分阶段具体工作方案，传达有关技术规范，组织普查培训、宣传和清查，负责对普查数据进行汇总、分析和结果发布，并组织普查工作验收，普查资料建档，全区污染源普查成果开发和应用。负责工业源、生活源、移动源、集中式污染治理设施的普查。

2. 区统计局

负责提供全区第三次全国农业普查、第三次全国经济普查及人口、社会、经济发展等统计数据，参与对工业源、生活源普查表中能源、产品产量、原辅材料使用情况等相关信息的审核。参与制定普查实施方案和有关具体政策。协同环保部门做好数据统计和分析工作。负责通州区新增普查表的审批工作，配合做好污染源普查数据审核及相关成果的发布和分析、应用。

3. 区委宣传部

负责组织污染源普查的新闻宣传工作，指导各区级、各部门做好污染源普查宣传工作，组织有关宣传活动。利用多种媒体分阶段、有重点、有针对性地做好普查宣传工作，并协助普查信息发布和资料出版工作，配合做好相关成果的分析、应用。

4. 区发展改革委

配合做好工业源、生活源的普查及污染源普查成果分析、应用，协助提供与污染源普查相关能源等资料。

5. 区经济信息化委

配合做好工业企业和工业园区基础工作整理、清查摸底和普查登记工作，配合做好污染源普查数据审核及相关成果的分析、应用。

6. 区交通局

负责提供全区移动源车辆类型、使用性质、燃料类型、车辆登记数量等资料、城区道路交通流量数据，配合做好污染源普查数据审核及相关成果的分析、应用。

7. 市交管局通州交通支队

比照交通运输部《公路交通情况调查统计报表制度》要求，提供国道（含国家高速公路）、省道、县道、乡道四类交通流量数据，车辆使用强度。

8. 区财政局

负责区级普查经费预算审核及预算安排，做好相关资金保障工作。会同相关部门对普查经费进行监督检查和绩效管理，配合做好相关成果的分析、应用。

9. 区人力社保局

负责表彰奖励审批工作，配合做好相关成果的分析、应用。

10. 市国土局通州分局

负责提供地理国情普查成果数据，利用地理国情普查成果为污染源空间定位提供地理空间公共基底数据，做好普查名录建库工作，配合做好污染源普查数据审核及相关成果的分析、应用。

11. 区住房城乡建设委

配合提供非道路移动机械保有量、燃油消耗及相关活动水平数据，配合做好房屋建筑和区政基础设施工程施工现场工程机械等调查，配合做好污染源普查数据审核及相关成果的分析、应用。

12. 区市政市容委

负责提供集中式污染治理设施和粪污消纳站调查单位名录及垃圾处理厂和粪便消纳站等相关信息，本部门非道路移动机械保有量、燃油消耗及相关活动水平数据，做好集中式污染治理设施调查，配合做好污染源普查数据审核及相关成果的分析、应用。

13. 市路政局通州公路分局

负责提供在施公路和城市道路养护工程等施工企业自有的非道路移动机械使用量、燃油消耗及相关活动水平数据，提供通州区公路新建、改建、养护工程以及城市道路养护工程施工现场临时搭建的沥青混凝土搅拌站企业名录，包括企业名称、位置和使用数量等信息，配合做好污染源普查数据审核及相关成果的分析、应用。

14. 区水务局

负责提供入河排污口名录、基本信息和排放规律等数据，负责提供本部门非道路移动机械保有量、燃油消耗及相关活动水平数据，做好集中式生活污水处理厂站普查及入河退水口监测，配合做好污染源普查数据审核及相关成果的分析、应用。

15. 区农委

负责提供农村生活污染源的相关资料信息，负责提供农村地区能源使用情况，提供农村村庄数、居住户数、人口数和卫生厕所改造情况等相关信息，配合做好相关成果的分析、应用。

16. 区农业局

负责农业源普查的组织实施，负责提供非道路移动机械保有量、燃油消耗及相关活动水平数据，负责提供农药肥料使用相关资料数据，做好污染源普查数据审核及相关成果的分析、应用。

17. 区地税局

负责提供纳税单位登记基本信息，配合做好相关成果的分析、应用。

18. 市工商局通州分局

负责提供北京市企业法人单位和个体工商户的统一社会信用代码等基本注册登记信

息，负责提供全区各大非道路机械租赁公司情况，配合做好相关成果的分析、应用。

19. 区商务委

负责提供干洗企业及干洗机相关信息；负责协助联系大型连锁销售企业完成含有机溶剂类日用消费品销售情况调查，配合做好相关成果的分析、应用。

20. 区卫生计生委

负责提供医疗机构与污染物核算有关的活动水平数据，配合做好相关成果的分析、应用。

21. 区质监局

负责提供在用承压锅炉相关信息，配合做好相关成果的分析、应用。

22. 区食品药品监管局

负责提供全区餐饮服务行业相关信息，配合做好相关成果的分析、应用。

23. 区园林绿化局

负责提供城市绿化、林业相关信息，提供本部门非道路移动机械保有量、燃油消耗及相关活动水平数据，负责提供《第八次森林资源调查报告》及园林绿化用农药肥料使用相关信息，配合做好污染源普查数据审核及相关成果的分析、应用。

24. 各街道办、各乡镇政府

成立乡镇/街道普查办公室，负责配合区普查办有序开展本辖区污染源普查工作；负责协助区环保局、区统计局招聘和调配负责本辖区普查工作的普查员；负责普查期间提供普查员、普查指导员临时开会、沟通和交流的会议场所；负责配合区普查办核实和确认本辖区内各类污染源的位置和相关基本信息。

9.2　关于第三方机构参与北京市通州区第二次全国污染源普查工作管理办法

第一章　总　则

第一条　为规范通州区第二次全国污染源普查工作，根据《关于做好第三方机构参与第二次全国污染源普查工作的通知》（国污普〔2017〕11 号），结合通州区第二次全国污染源普查工作要求和内容，制定本管理办法。

第二条　本办法所称第三方机构是指依法设立具有相应资质并具备一定的专业条件，为委托人提供社会服务的中介机构或社会组织。

本办法所指第三方机构参与普查工作是指第三方机构接受通州区第二次全国污染源普查领导小组办公室（以下简称通州区普查办）的委托，按照普查有关规定，实施普查相关工作。

第二章　管理原则

第三条　坚持公开原则。按照公开、公平、公正原则，通过竞争择优的方式选择承接普查任务的第三方机构，确保具备条件的社会力量平等参与竞争。

第四条　注重能力实绩。根据任务需求和具体工作内容，优先考虑具有与承担任务相关工作基础，且信誉良好、专业能力强、执业规范、管理水平高、工作实绩好的第三方机构。具有第一次全国污染源普查工作经验、熟悉通州区环境与发展情况，具有通州区水、大气、土等环境调查工作基础的第三方机构优先。

第五条　加强过程管理。合同执行过程中，对第三方机构进行全过程监管，确保其按照合同约定高质量完成任务。

第三章　准入条件和招标

第六条　参与普查工作的第三方机构必须具备以下条件：

（一）依法设立，设立时间在 5 年以上，具有独立法人资格，且与委托方没有直接行政隶属关系；

（二）具有相关行业管理部门认可的专业资质；

（三）具有一定数量且与环境保护工作相适应的专业技术及管理人员；

（四）具有健全的内部管理制度、财务管理制度和质量控制制度；

（五）具有良好的业绩和信誉，近 5 年来无不良记录；

（六）具有通州区环境保护工作基础的机构优先。

第七条　第三方机构选用本着"公开、公平、公正"的原则，采用公开招标方式，由通州区普查办委托招标代理机构进行。不鼓励第三方机构以联合体形式参与投标。

第四章　工作内容和履约形式

第八条　第三方机构参与通州区第二次全国污染源普查主要包括以下内容：

（一）普查实施方案、技术报告、评估报告编制；

（二）普查指导员和普查员选聘；

（三）普查清查、普查试点、入户调查、抽样调查、填写基表、技术核验、质量评估；

（四）与普查相关的现场采样、检测分析、数据汇总与分析；

（五）普查信息系统建设、安装、运行、维护等信息化工作；

（六）北京市要求的专项调查；

（七）普查宣传、组织培训、档案整理；

（八）通州区普查办认为可以委托的其他工作。

第九条　通州区普查办与确定的第三方机构签订合同，并按照合同约定向第三方机构支付费用。合同明确所委托任务的范围、标的、数量、质量和技术要求，完成时限、费用支付方式、权利义务和违约责任，以及普查过程中获得的数据、信息、报告、资料等成果管理要求。

第十条　委托任务涉及敏感或保密内容的，应当在合同中明确第三方机构的保密义务。

第五章　质量监督

第十一条　通州区普查办对普查质量负责，是委托第三方机构参与通州区第二次全国污染源普查工作的主体，负责对第三方机构参与普查工作进行监督、检查和考核，全程做好委托任务执行情况的跟踪，建立第三方机构定期工作汇报机制，及时了解掌握普查实施进度，承担普查期间第三方机构与普查对象和普查成员单位的协调职责，督促第三方机构严格履行合同，保质、保量、按时完成任务。

第十二条　确定参与通州区第二次全国污染源普查工作的第三方机构应当严格按照合同规定的工作内容、时间进度、质量要求和支出预算开展普查工作，执行普查进展周报、月报、季报和年报制度，按时向通州区普查办汇报工作进展、提交阶段性成果和下一步工作计划。

第十三条　确定参与普查的第三方机构对合同规定的工作内容的质量和效果负责，应当建立专门的质控部门，对普查清查数据、入户调查和抽样调查数据、现场监测数据、资料收集和系数核算数据等资料的收集、整理、分析、提交开展初步技术审核。

第十四条　通州区普查办建立第三方机构考核机制，依据普查质量、工作进度、北京市普查考核办法等相关规定，对第三方机构实行绩效考核和评价机制。

第六章　附　则

第十五条　本办法由通州区第二次全国污染源普查办公室负责解释，自发布之日起施行。

9.3 北京市通州区第二次全国污染源普查普查员和普查指导员选聘及管理工作办法

为了加强对北京市通州区第二次全国污染源普查普查员和普查指导员选聘的管理，确保有效的普查员和普查指导员的选聘工作，根据《全国污染源普查条例》（国务院令第 508 号）、《国务院关于开展第二次全国污染源普查的通知》（国发〔2016〕59 号）和《国务院办公厅关于印发第二次全国污染源普查方案的通知》（国办发〔2017〕82 号）等相关文件的规定，制定本办法。

一、普查员和普查指导员的职责与权利

（一）普查员的职责

1. 负责向普查对象宣传污染源普查的目的和意义、内容，提高其对污染源普查工作的认识；解答普查对象在普查过程中的疑问，无法解答的，及时向普查指导员报告。

2. 负责入户调查，了解普查对象基本情况，按照普查技术规范指导普查对象填写普查报表，对有关数据来源以及报表信息的合理性和完整性进行现场审核，并按要求上报。

3. 配合开展普查工作检查、质量核查、档案整理等工作。

4. 积极参加业务培训。

5. 完成区普查办和普查指导员交办的其他工作。

（二）普查指导员的职责

1. 按照通州区第二次全国污染源普查工作实施方案，对普查员进行指导，及时传达普查工作要求。

2. 协调负责片区内的普查工作，了解并掌握工作进度和质量，及时解决普查中遇到的实际问题，对于不能解决的问题要及时向通州区普查办报告。

3. 负责对普查员提交的报表进行审核。对存在问题的，要求普查员进一步核实并指导普查对象进行整改。

4. 负责对入户调查信息进行现场复核，复核比例不低于5%。对于复核中发现的问题，要求相关人员按照有关技术规范进行整改。

5. 完成通州区普查办交办的其他工作。

（三）普查员和普查指导员的权利

1. 有权查阅与普查有关的普查对象基本信息、物料消耗记录、原辅料凭证、生产记录、治理设施运行和污染物排放监测记录以及其他与污染物产生、排放和处理处置相关的原始资料。

2. 有权现场查看污染物排放和治理等有关设施。

3. 有权要求普查对象改正不真实、不完整的普查信息。

4. 有权向区普查办报告普查相关事宜。

二、普查员和普查指导员的选聘

（一）基本条件

1. 普查员应具备以下基本条件：

（1）高中（或中专）以上文化程度，了解环保知识；

（2）责任心强，工作认真细致；

（3）熟悉通州区本地基本情况；

（4）具有较强的沟通能力；

（5）具备较强法治意识、保密意识和安全意识；

（6）身体健康。

2. 普查指导员除应具备普查员的条件外，还应具备以下基本条件：

（1）大专以上文化程度，熟悉环保知识；

（2）具有环境保护相关工作经历；

（3）具有一定的社会工作经验和较强的组织协调能力。

（二）配备数量

参照下列比例合理确定普查员和普查指导员数量。

1. 普查员配备数量比例

（1）每 20 个工业污染源和集中式污染处理设施配备 1 名普查员；

（2）每 30 个规模化畜禽养殖场或 5 个行政村配备 1 名普查员；

（3）每 40 个生活污染源配备 1 名普查员。

2. 普查指导员配备数量比例

原则上每 10 名普查员配备 1 名普查指导员。

3. 普查员和普查指导员预计配备数量

依据 2015 年"环保大检查"成果、通州统计年鉴（2016 年）统计数据及普查员配备数量比例，需配备工业源普查员 278 名，畜禽养殖普查员 4 名，行政村普查员 118 名，集中式污染处理设施普查员 8 名，现有燃气锅炉普查员 74 名。

合计通州区需配备普查员约 500 名，按照普查指导员配备比例，需配备普查指导员50 名。

（三）工作程序

普查员和普查指导员的选聘工作应在入户调查开始前完成，选聘工作程序如下：

1. 通州区普查办统一采取公开招聘、推荐、自荐等方式，根据工作需要确定普查员和普查指导员的初步人选。普查员和普查指导员初步人选应依据普查对象优先考虑环保、农业机构人员，环保科研院所专业技术人员和熟悉通州区当地情况。

2. 对普查员和普查指导员初步人选进行培训。考试合格的，由通州区普查办上报北京市第二次全国污染源普查办公室，由市级普查办统一登记造册、颁发普查员证或普查指导员证，由通州区普查办办理聘任手续。

3. 由第三方机构聘用的普查员应参加通州区普查办组织的培训，考试合格的，由北京市普查办颁发普查员证。

（四）证件管理

普查员和普查指导员证件管理参照《关于第二次全国污染源普查普查员和普查指导员选聘及管理工作的指导意见》（国污普〔2017〕10 号）执行。

三、普查员和普查指导员的培训

普查员和普查指导员的培训具体参照《北京市通州区第二次全国污染源乡镇和街道培训实施方案》，主要遵守以下规章制度。

（一）加强工作纪律

1. 执行入户调查等普查任务时不得少于两人，原则上，其中一名普查员应熟知当地情况，另外一名普查员熟知专业技能，并应当出示普查员证或普查指导员证。

2. 妥善保管普查有关资料和文件。

3. 遵守国家有关保密规定，保守工作秘密，对在普查工作中知悉的国家秘密、商业秘密和个人信息予以保密。

4. 遵守廉政规定，严禁在普查工作中违反规定牟取利益。

（二）维护合法权益

1. 各级乡镇街道普查机构要提供必要的工作条件，保障普查员和普查指导员正常开展工作。

2. 通州区普查办负责落实普查员和普查指导员的劳动报酬和交通、通信、误餐补助等补贴，有条件的，还应为有关人员购买人身意外保险，相关费用纳入普查经费预算，由通州区财政资金列支。

（三）提高安全意识

各级普查机构要将安全教育作为普查员和普查指导员培训的重要内容，并通过各种方式提醒普查员和普查指导员增强对自身生命、财产的保护意识。

四、普查员和普查指导员的考核

普查员和普查指导员的考核具体参照《北京市通州区第二次全国污染源普查评比表彰工作细则》中对普查员和普查指导员的考核机制，考核标准主要参考以下标准。

（一）集体主要考核标准

1. 北京市通州区第二次全国污染源普查先进单位的评比以组织准备工作、宣传工作、信息报送工作、人员选聘工作、清查工作、全面普查阶段、档案整理保管工作等方面进行考核打分，按得分总数选拔，具体参照普查验收评分的得分。

2. 先进单位要符合以下条件：一是单位领导重视，较好地配合通州区普查办的各项工作，按时保质完成本职任务；二是积极协调所在区域的污染源普查工作，配合通州区普查办的安排，组织好下级单位的污普工作，在污染源普查中具有超前意识和争先的表现；三是在污染源普查中成绩突出。

（二）个人主要考核标准

1. 对普查工作有高度热情，认真负责，一丝不苟，吃苦耐劳，深入普查现场。

2. 刻苦钻研并熟练掌握普查业务知识，严格贯彻普查方案、各项技术规定和工作细则，根据实际情况制定合理的普查路线。

3. 具有开拓精神，能抓住各个关键环节，及时发现问题并提出解决方案，积极向普查对象宣传普查知识，主动发表介绍普查工作的文章。

4. 在普查工作中坚持实事求是的原则，依法开展普查，敢于同一切弄虚作假等违反《全国污染源普查条例》的行为作斗争。

五、普查员和普查指导员的奖惩制度

北京市通州区第二次全国污染源普查领导小组将向获得区污染源普查的先进集体和个人颁发证书，并适时召开表彰会议予以表彰，与此同时将特别优秀集体和个人将上报北京市普查办参与考核奖励。

北京市通州区各个奖项设置如下：优秀组织奖、优秀宣传奖、优秀清查普查奖、优秀普查档案奖、优秀品德风尚奖各1个，先进个人50个。

9.4　北京市通州区第二次全国污染源普查采样检测服务质量保证和质量控制技术规定

1　适用范围

本技术规定是对北京市通州区第二次全国污染源普查采样检测服务过程中样品采集、制备、流转、保存、分析测试、结果报告等过程质量保证和质量控制的基本要求。

本技术规定适用于普查样品的采集、制备、流转、保存、分析测试、结果报告等过程的质量保证与质量控制。

2　术语与定义

2.1　密码平行样

在指定的普查平行样采样点位，采集实际环境样品制成的一种普查分析测试精密度外部质量控制样品。

2.2　统一监控样

由专业机构根据普查质量保证与质量控制工作的需要，专门制备的一种普查分析测试准确度外部质量监控样品。该样品足够均匀和稳定，其指定值由专业机构按照标准物质定值程序赋值，或根据各检测实验室的检测结果采用稳健统计方法确定。

3　总则

承担普查样品采集、制备、流转、保存、分析测试等任务的采样检测服务单位应建立健全质量审核制度，其主要技术人员和质量管理人员应接受通州区第二次全国污染源普查办公室统一组织的技术培训，掌握普查内容及相关技术规定和管理要求。

承担普查样品采集、制备、流转、保存、分析测试等任务的采样检测服务单位应按照本技术规定，制订和实施内部质量控制计划，从严落实全过程质量控制措施，并自觉接受北京市和国家普查办统一组织的质量监督检查（以下简称质量检查）。

承担普查样品采集、制备、流转、保存、分析测试等任务的采样检测服务单位应在完成主要工作任务时提交《北京市通州区第二次全国污染源普查采样检测服务质量保证与质量控制工作报告》。

上级普查质量监督检查人员应客观、公正地开展普查质量检查工作，如实记录检查工作情况。对质量检查中发现的不符合要求的情况，被检查单位和有关责任人员应及时采取纠正和预防控制措施。

4 普查监测的质量保证措施

4.1 监测方法的选择

在普查监测中，要根据排污企业的污染特征和待测组分的情况，权衡各种影响因素，有针对性地选择最适宜的监测方法。采样检测服务单位可优先选用《水和废水监测分析方法（第四版）》及《空气和废气监测分析方法（第四版）》中的 A 类方法，即为国家或行业的标准方法，且所选方法必须通过计量认证或认可。

检测实验室应在正式开展普查样品分析测试任务之前，参照《环境监测分析方法标准制修订技术导则》（HJ 168—2010）的有关要求，完成对所选用分析测试方法的实验室内方法确认，并形成相关质量记录。必要时，应建立实验室分析测试方法的作业指导书。

4.2 人员素质要求

环境监测人员操作技能的高低、工作责任心的强弱都会主观地影响监测结果的准确性。在普查监测中，要求监测人员必须具备良好的职业道德、较强的工作责任心和较高的环境监测技能，并获得相关检测员合格证书，且所测项目不得超出合格证中规定的项目范围，持证上岗。

负责采样检测服务的单位应严格进行把关，在日常工作中要不断加强对监测人员的职业道德和监测技能培训，努力提高监测人员的质量意识、技术水平和业务能力，保证监测工作符合规定要求。

4.3 仪器设备要求

所有仪器设备均需通过计量检定或自校准，并在有效期内使用。对较常使用、对监测结果影响较大的仪器，必须进行期间核查；对烟尘采样器，每季度至少进行一次流量校准和运行检查，对便携式烟气分析仪应做到每次使用前后均用与待测污染物浓度相近的标准气体进行标定，仪器的示值偏差不得大于±5%。

4.4 实验室测试环境要求

要根据不同的监测要求设置相应的监测环境，对可能影响检测工作的环境因素进行有效的监控，确保监测结果的准确性和有效性。

实验室要保持清洁、整齐、安全的良好受控状态，不得在实验室内进行与监测无关的活动和存放与监测无关的物品。

4.5　工况要求

污染源普查监测应在工况稳定、生产达到设计能力 75% 以上的情况下进行。监测期间，必须有专人负责监督、记录工况。

5　普查监测的质量控制措施

5.1　采样中的质量控制

根据《环境监测管理办法》（环保总局令　第 39 号）和有关技术规范确定通州区第二次全国污染源普查重点污染源采样点并采样，特别对于气体样品布点，并非一次性布点，而是在对过去监测结果进行综合分析基础上，尽可能以最少的采样点取得最有代表性和完整性的数据。

5.1.1　采样方法的选择

应严格按照《水和废水监测分析方法》（第四版）《空气和废气监测分析方法》（第四版）《固定污染源排气中颗粒物测定与气态污染物采样方法》（GB/T 16157—1996）《工作场所空气中有害物质监测的采样规范》（GBZ 159—2004）、《水质　采样技术指导》（HJ 494—2009）《水质　样品的保存和管理技术规定》（HJ 493—2009）等有关技术规范开展废水、废气样品采集和保存工作。

5.1.2　采样质量检查

采样质量检查包括采样现场检查和采样文件资料检查。具体如下：

（1）采样现场检查内容主要包括：

a）采样点检查：样点的代表性与合理性、采样位置的正确性等；

b）采样方法检查：采样深度、多点混合采样方法等；

c）采样记录检查：样品编号、样点坐标、样品特征、采样点环境描述的真实性、完整性等；

d）样品检查：样品组成、样品重量和数量、样品标签、样品防玷污措施、记录表一致性等；

e）样品交接检查：样品交接程序、交接单填写是否规范、完整。

（2）采样文件资料检查内容主要包括：

a）记录表检查：记录表填写内容完整性和正确性、纸质记录表的装订情况；

b）样品贮存场所检查：样品存放防玷污、防腐、防虫等措施，样品入库管理措施等。

5.1.3 采样质量检查程序及要求

采样质量检查分采样小组、采样单位和分析实验室三级质量检查。废水和废气样品分析由于受到样品保存时间限制，三级质量检查应在样品有效保存期内完成。

（1）采样小组开展自检要求应达到 100%。

（2）采样单位开展采样现场检查、采样文件资料检查要求分别达到总工作量的 5% 和 10%。

（3）分析实验室开展采样现场检查、采样文件资料检查要求分别达到总工作量的 0.5%～1% 和 2%～5%。

（4）对检查中发现的问题，质量监督检查人员应及时向有关责任人指出，并根据问题的严重程度督促其采取适当的纠正和预防措施。

对采样小组：采样单位应将对发现严重质量问题的采样小组的质量检查比例提高 1 倍，如未发现新的严重质量问题，该采样小组应重新采集发生严重质量问题的当日采集完成的所有样品；如仍然发现存在严重质量问题，采样单位应要求该采样小组重新采集最近两次检查期间采集的所有样品，或安排其他合格的采样小组重新采集相关样品。

对采样单位：质量控制实验室应将对发现严重质量问题的采样单位的质量检查比例提高 2 倍，如未发现新的严重质量问题，该采样单位应重新采集发生严重质量问题的当日采集完成的所有样品；如仍然发现存在严重质量问题，质量控制实验室应要求该采样单位重新采集最近两次检查期间采集的所有样品，或安排其他合格的采样单位重新采集相关样品。

采样现场检查结果和采样文件资料检查结果应分别记录于普查采样现场检查登记表（见附表 1）和采样文件资料检查登记表（见附表 2）。质量检查人员应依据采样质量检查情况对样品采集工作质量进行综合评述。

5.2 样品制备过程质量控制

应严格按照《水质 样品的保存和管理技术规定》（HJ 493—2009）和《固定污染源排气中颗粒物测定与气态污染物采样方法》（GB/T 16157—1996）开展废水和废气样品的采集、制备（以下简称制样）和保存。

制样质量检查内容主要包括：

（1）制样场所检查：影像监控设备、环境条件、防污染措施是否齐备。

（2）制样工具检查：废水废气不同检测指标分析前的辅助制样工具是否齐全、完好，分装容器材质规格是否满足技术要求，制样工具在每次样品制备完成后是否及时清洁。

（3）已加工样品抽查：样品瓶标签、样品重量和数量、样品包装和保存是否规范。

（4）制样原始记录检查：影像监控记录的完整性、记录表填写内容完整性和准确性、是否是随时记录。

5.3　样品流转过程质量控制

负责样品流转的送样单位应严格按照相关规定有序开展样品流转。

负责样品接收的单位（以下简称接样单位）在样品交接过程中，应对接收样品的质量状况进行检查，检查内容主要包括：样品标识、样品重量、样品数量、样品包装容器、保存温度、样品应送达时限等。

在样品交接过程，接样单位如发现送交样品有下列严重质量问题，应拒收样品，并及时通知分析检测实验室：

（1）样品无编号或编号混乱或有重号。

（2）样品在运输过程中受到破损或玷污。

（3）样品重量或数量不符合规定要求。

（4）样品采集后保存时间已超出规定的送检时间。

（5）样品交接时的保存温度等不符合规定要求。

样品经验收合格后，接样单位样品管理员应在样品质量验收记录表（见附表3）上签字，注明收样日期，并返回一份给送样单位。

5.4　样品保存质量控制

负责普查样品采集、制备、流转和检测的各单位应配备样品管理员，严格按照相关规范要求保存所有普查样品。

质量检查人员应对样品标识、包装容器、样品状态保存环境条件监控等进行监督检查并予以记录（见附表4）。

对检查中发现的问题，质量检查人员应及时向有关责任人指出，并根据问题的严重程度督促其采取适当的纠正和预防措施。当在样品采集、制备、流转和检测过程发现但不限于下列严重质量问题时，应重新开展相关工作：

（1）未按规定的保存方法保存废水或废气样品。

（2）未采取有效的环境条件控制措施防止样品在保存过程被玷污。

5.5　实验室分析中的质量控制

普查样品分析测试质量保证与质量控制工作以统一筛选检测实验室和统一采用规定的分析测试方法为基石，同步实施实验室内部和外部各项质量控制要求，上级质量检查人员应按内部和外部质量控制要求进行检查。

5.5.1　实验室内部质量控制

（1）空白试验

空白试验一般与样品分析同时进行，分析测试方法有规定的，按分析测试方法的规定进行空白试验；分析测试方法无规定的，实验室空白试验一般每批样品或每 20 个样品应至少做 1 次。

空白样品分析结果一般应低于方法检测限。若空白分析结果低于方法检出限，则可忽略不计；若空白分析结果略高于方法检测限但比较稳定，可进行多次重复试验，计算空白分析平均值并从样品分析结果中扣除；若空白分析结果明显超过正常值，则表明分析测试过程有严重污染，样品分析结果不可靠，实验室应查找原因，重新对样品进行分析。

（2）定量校准

a）标准物质　分析仪器校准应首先选用有证标准物质。但当没有合适有证标准物质时，也可用纯度较高（一般不低于98%）、性质稳定的化学试剂直接配制仪器校准用标准溶液。

b）校准曲线　采用校准曲线法进行定量分析时，一般应至少使用 5 个浓度梯度的标准溶液（除空白外），覆盖被测样品的浓度范围，且最低点浓度应在接近方法报告限的水平，校准曲线相关系数（r^2）应大于 0.99。

分析人员在进行内部质量控制时，可与过去所绘制的校准曲线斜率、截距、空白大小等进行比较，判断是否正常。不得使用不合格的校准曲线。

c）仪器稳定性检查　连续进样分析时，每分析 20 个样品，应分析一次校准曲线中间浓度点，确认分析仪器灵敏度变化与绘制校准曲线时的灵敏度差别。原则上，重金属等无机污染物分析的相对偏差应控制在 10% 以内，多环芳烃等有机污染物分析的相对偏差应控制在 20% 以内，超过此范围时需要查明原因，重新绘制校准曲线，并全部重新分析该批样品。当用混合标准溶液做校准曲线校核时，单次分析不得有 5% 以上的检测项目超过规定的相对偏差。

（3）精密度控制

a）每批送检普查样品的每个检测项目（除挥发性有机物外）均须做平行双样分析。当批分析样品数不小于 20 个时，应随机抽取 5% 的样品做平行分析；当批样品数小于 20 个时，应至少随机抽取 1 个样品做平行分析。

b）平行双样分析可由检测实验室分析人员自行编入明码平行样，或由本实验室质控人员编入密码平行样，两者等效，不必重复。

c）平行双样分析的相对偏差（RD）在允许范围内为合格。

d）当平行双样分析结果超出最大允许偏差时，表明该批样品分析结果的精密度出现了问题，需要重新进行样品分析，应查明产生问题的原因，确保其后样品分析结果的可靠性。

（4）准确度控制

a）使用有证标准物质 当具备与被测样品基体相同或类似的有证标准物质时，应在每批样品分析时同步插入有证标准物质样品进行分析。当批分析样品数不小于 20 个时，按样品数的 5%插入标准物质样品；当批分析样品数小于 20 个时，应至少插入 1 个标准物质样品。

当有证标准物质证书中给出的总不确定度是基于多组定值数据的总标准偏差时，单次分析标准物质样品的保证值范围为"标准值（或认定值）±总不确定度"；当有证标准物质证书中给出的总不确定度是基于每组定值数据平均值的标准偏差时，单次分析标准物质样品的保证值范围为"标准值（或认定值）±2.83×总不确定度"。

当分析有证标准物质样品的结果落在保证值范围内时，可判定该批样品分析测试准确度合格。若未能落在保证值范围内则判定为不合格，应查明其原因，立即实施纠正措施，并对该批样品和该标准物质重新分析核查。

b）加标回收率试验 当没有合适的基体有证标准物质时，应采用基体加标回收率试验对准确度进行控制。每批同类型试样中，应随机抽取 5%试样进行加标回收分析。当批样品数小于 20 个时，加标试样不得少于 1 个。此外，在进行有机污染物样品分析时，最好能进行替代物加标回收试验，每个分析批次，至少应做 1 个替代物加标回收试验。

基体加标和替代物加标回收试验应在样品前处理之前加标，加标样品与试样应在相同的前处理和分析条件下进行分析。加标量可视被测组分含量而定，含量高的可加入被测组分含量的 0.5～1.0 倍，含量低的可加 2～3 倍，但加标后被测组分的总量不得超出分析方法的测定上限。

（5）异常和临界检测结果的复检

a）每批送检样品分析完毕后，检测实验室应对检测结果明显低于环境背景值的所有样品进行复检；对检测结果超过评价标准限值 5 倍以上和处于评价标准限值±10%以内的样品进行抽检，抽查比例不少于 10%。

b）对复检样品，应按有关要求统计计算复检合格率。

（6）分析测试数据记录与审核

a）检测实验室应保证分析测试数据的完整性，确保全面、客观地反映检测结果，不得选择性地舍弃数据，人为干预检测结果。

b）检测人员应对原始数据和复制数据进行校核。对发现的可疑数据，应与样品分析测试原始记录进行校对。

c）分析测试原始记录应有检测人员和审核人员的签名。检测人员负责填写原始记录；审核人员应检查数据记录是否完整、抄写或录入计算机时是否有误、数据是否异常等，并考虑以下因素：分析方法、分析条件、数据的有效位数、数据计算和处理过程、法定计量单位和质量控制数据等。

d）审核人员应对数据的准确性、逻辑性、可比性和合理性进行审核。

（7）检测结果的表示

a）普查样品分析测试结果应按照分析方法规定的有效数字和法定计量单位进行表述。

b）平行样的分析结果在允许差范围内时，用其平均值报告检测结果。

c）分析结果低于方法检出限时，用"ND"表示，并注明"ND"表示未检出，同时给出方法检出限值。

d）需要时，应给出检测结果的不确定度范围。

5.5.2 实验室外部质量控制

普查实验室外部质量控制主要通过在普查样品中随机插入密码平行样和统一监控样对检测实验室样品分析测试过程进行外部质量控制。必要时，采用留样复检、实验室间比对等其他外部质量控制措施。

（1）密码平行样分析

每个密码平行样采样点位除普查样品之外，须制备两份密码平行样。一份随普查样品一起交承担普查样品分析测试任务的检测实验室进行检测，另一份由质检人员交另一检测实验室进行比对分析。

（2）统一监控样分析

统一监控样随普查样品一起交承担普查样品分析测试任务的检测实验室，并要求检测实验室与该批次普查样品一起进行检测，每个统一监控样提供样品量仅限于进行 1 次检测。

通过比较实验室检测结果与统一监控样指定值的一致性进行普查准确度外部质量监控。

5.6 样品分析测试质量评估

5.6.1 实验室内部质量评估

每个检测实验室在完成每项普查样品分析测试合同任务时，应对其最终报出的所有样品分析测试结果的可靠性和合理性进行全面、综合的质量评估，并提交质量评估总结报告。报告内容包括：

（1）承担的任务基本情况介绍。

（2）选用的分析测试方法。

（3）本实验室开展方法确认所获得的检出限、精密度和准确度。

（4）样品分析测试精密度控制合格率（要求达到 95%）。

（5）样品分析测试准确度控制合格率（要求达到 100%）。

（6）异常样品重复检验合格率（要求达到 95%）。

（7）为保证样品分析测试质量所采取的各项措施。

（8）总体质量评价。

5.6.2　实验室外部质量评估

（1）密码平行样分析结果质量评估　对密码平行样在实验室内和实验室间检测结果的质量，主要通过由检测结果获得的污染状况评价结果的一致性进行评价。即无论实验室内还是实验室间，只要依据两个检测结果获得的污染状况评价结果同为不超标，或者超标相同的倍数，即可简单认为两个检测结果的精密度可接受；当由检测结果获得的污染状况评价结果不一致时，应按照平行双样最大允许差进行评价，在最大允许差范围内为可接受结果，否则为不合格结果。

按合同任务批次统计，实验室内密码平行样累积检测质量合格率应达到 95%，实验室间密码平行样累积检测质量合格率应达到 90%。

（2）统一监控样分析结果的质量评估　对统一监控样检测结果的质量，主要通过与指定值的相对误差进行评价，在最大允许误差范围内的检测结果为合格结果，否则为不合格结果。

实验室对统一监控样检测质量合格率的要求为：无机物、有机物检测项目分别以实验室分析测试完成的 100 件和 250 件统一监控样为一个统计单位，单个项目的累积合格率应达到 90%。

5.7　分析测试结果报告

检测实验室每检测完成一批污染源普查送检样品，应在检测完成后一周内向通州区第二次全国污染源普查办公室上报检测结果。

检测实验室除按本实验室的规定编制正式的检测报告之外，还应按照国家规定给出的报表格式编制检测结果统计报表。

5.8　质量监督检查

普查期间，通州区普查办将分别组织专家前往污染源普查样品采集、流转、制备、保存和检测工作现场开展质量监督检查。

原则上，对承担普查样品采集、流转、制备、保存和检测工作任务的单位应至少进行 1 次现场监督检查。必要时，适时加大质量监督检查频次。

质量监督检查一旦发现存在严重质量问题，被检查单位应立即停止普查有关工作，并进行整改。

附表 1

表 1 采样现场检查登记表

采样地区：　　　　　　区　　　　　　乡镇　　　　　　街道

检查日期	采样号	采样点位的合理性与代表性	采样位置		采样方法	采样深度	记录一致性				备注
			x	y			记录缺项目	记录缺项	记录错项	记录不清	
改正情况						审核					

采样小组：　　　　　　　　　　　　　　　　　　检查者：

附表2

表2　采样文件资料检查登记表

采样地区：　　　　区　　　　乡镇　　　　街道

检查日期		受检记录员	受检采样员	检查的样号	图、记录表、样品一致性	布点合理性	记录表			错号	样品			总体评价
月	日						漏记项目	错记项目	清晰度		样品物质组成	原样体积	原样质量	
改正情况											审核			

检查人：　　　　　　　　　　检查组长：

注：分别按照检查内容填写，点位图、样品检查存在问题均用文字记录；记录表检查登记存在问题的项目栏。

附表 3

表 3　样品质量验收记录表

送样单位：
送样负责人：
送样日期：

样品编号	检测项目	样品数量	样品量	符合性检测				送检时间
				包装完好	标签完好	保存条件		

存在的问题：
接样单位：
接样负责人：
日期：　年　月　日

附表 4

表 4 样品保存检查记录表

样品编号	样品标识	检查内容			日常检查记录
		包装容器	样品状态	保存条件	

发现的问题及处理意见

改进情况：

检查人： 整改人：

年　月　日 年　月　日

9.5 北京市通州区第二次全国污染源普查乡镇和街道工作要点

根据《全国污染源普查条例》（国务院令 第 508 号）、《国务院关于开展第二次全国污染源普查的通知》（国发〔2016〕59 号）和《国务院办公厅关于印发第二次全国污染源普查方案的通知》（国办发〔2017〕82 号）、《北京市通州区第二次全国污染源普查工作实施方案》（以下简称"实施方案"）等相关文件规定，为落实通州区各乡镇和街道的普查试点和普查具体工作，现提出乡镇和街道普查工作要点如下。

一、参与普查员选聘

乡镇和街道普查机构为普查员选聘工作的承担主体。应当严格依照《第二次全国污染源普查普查员和普查指导员选聘及管理工作指导意见》和《北京市通州区第二次全国污染源普查普查员和普查指导员选聘及管理工作办法》中的有关规定，在区普查办的指导下开展普查员选聘工作，各乡镇和街道普查机构选聘普查员数量指标如下表。各乡镇和街道普查机构推选的聘用人员参与区普查办组织的普查培训并考试合格后，由区普查办统一上报北京市污染源普查办公室，登记造册，颁发普查员证件。由区普查办委托各乡镇和街道普查机构履行普查员聘用手续。

序号	乡镇名称	工业源	餐饮服务源	生活锅炉	行政村与社区	畜禽养殖	市政排水口	其他源	合计
1	北苑街道								
2	新华街道								
3	玉桥街道								
4	中仓街道								
5	漷县								
6	梨园								
7	潞城								
8	马驹桥								
9	宋庄镇								
10	台湖								
11	西集								

续表

序号	乡镇名称	工业源	餐饮服务源	生活锅炉	行政村与社区	畜禽养殖	市政排水口	其他源	合计
12	永乐店								
13	永顺								
14	于家务								
15	张家湾								
总计									

二、参与市级和区级普查培训

按照"实施方案"有关要求和进度安排，积极组织各乡镇和街道参与普查人员和辖区内聘用的普查员参与市级和区级组织的普查宣传与培训活动，加大重视力度，确保普查工作在基层乡镇和街道层面的顺利推动和保障实施。

三、组织乡镇和街道普查宣传培训

乡镇和街道普查机构在全面开展普查工作以前，应当组织辖区内普查对象，特别是工业污染源企事业单位，参与普查宣传培训活动，使乡镇和街道辖区内的普查对象了解普查的重大意义、普查相关要求和自身义务，积极配合开展入户调查，履行普查义务，准备和提供入户调查所需生产原辅材料、产能产量、污染排放情况、污染治理设施情况等数据和信息，确保普查工作的顺利实施。针对普查对象的宣传培训活动应在辖区全面开展入户调查前1～2周进行，并将培训计划报区普查办。培训活动由乡镇和街道污普机构组织开展，区普查办、参与普查的第三方机构和试点乡镇街道普查业务骨干人员作为教员参与培训活动。

四、配合开展入户调查和现场监测

根据《北京市通州区第二次全国污染源普查质量保证和质量控制工作细则》有关要求，原则上每户污染源入户调查需配备 2 名普查员同时进行，其中 1 名普查员熟悉当地情况，1 名普查员熟悉普查专业知识，确保普查信息收集和填表等工作的质量保证。各乡镇和街道普查机构负责协调各类污染源普查员的分类调查、入户安排、调查路线、与村委会的对接等工作，确保普查工作顺利实施。

各乡镇和街道普查机构应当配合区普查办和参与普查的第三方机构开展普查对象现场监测活动，负责采样场地、工具设备、采样路线、人员时间等现场协调工作，确保采样监测活动顺利进行。

五、完成数据填报和初步汇总

各乡镇和街道普查机构应与辖区内参与普查的第三方机构人员、普查指导员共同构成乡镇街道普查数据初核小组，对普查员提交的数据信息进行初步汇总和校验核实，严格按照市级和区级普查培训中要求的数据填报方法和规范进行普查数据的整理汇总。做到及时发现问题、解决问题，乡镇和街道普查机构无法解决的问题应上报区普查办协商解决。

六、履行质量核查与审查职责

各乡镇和街道由环保科或经济发展科抽调 1 名专职人员到区普查办数据审核组，负责本辖区污染源普查审核工作。本辖区内聘用普查员填报和上报信息经由负责该小组的普查指导员（或数据初核小组）汇总、审核后，上报至区普查办乡镇街道审核员处二审和数据分析，审核确认后提交至区普查办质量控制组，与技术指导组共同核实数据无误后，形成最终上报材料。

七、试点乡镇和街道工作要点

鼓励各乡镇街道积极参与试点工作。通州区第二次全国污染源普查领导小组办公室（区普查办）经与各乡镇街道协商确定试点乡镇和街道各 1 个。试点乡镇街道应按照"实施方案"要求的时间节点，率先开展上述一至六项工作，并根据试点工作开展情况，向区普查办提供反馈意见，开展试点经验总结，并提交相关材料。在全面启动普查工作前，协助区普查办在普查阶段培训会上向其他乡镇街道普查机构、第三方机构、普查员和普查指导员、普查对象等介绍经验，形成示范。

9.6   北京市通州区第二次全国污染源普查宣传工作方案

根据《全国污染源普查条例》（国务院令 第 508 号）、《国务院关于开展第二次全国污染源普查的通知》（国发〔2016〕59 号）和《国务院办公厅关于印发第二次全国污染源普查方案的通知》（国办发〔2017〕82 号）等相关文件规定，为做好通州区第二次全国污染源普查各阶段的宣传动员工作，确保普查工作顺利完成，结合通州区实际情况，制定本宣传工作方案。

一、工作目标

普查准备阶段：宣传工作的重点是扩大和提升各乡镇街道级人民政府及区直各职能部门、普查对象以及全社会对普查工作重要性及其意义的认识。突出宣传污染源普查是重大的国情调查，是全面掌握通州区环境状况的重要手段；开展污染源普查是为了了解各类企事业单位与环境有关的基本信息，为制定经济社会政策提供依据；搞好污染源普查有利于科学制定环境保护政策和规划，改善环境质量，促进经济结构调整和环境友好型社会建设。通过宣传，让普查活动家喻户晓，充分动员社会各方面力量积极参与，为普查工作的顺利实施创造良好的社会氛围。

二、工作重点

充分调动通州区各大宣传媒体技术更新普查动态，告知全区，动员参与。为清查建库与入户调查的顺利开展提供前期保障。

普查正式开展阶段：通州区环保局会同通州区市容委员会做好通州区相关的宣传动员工作，保证普查工作及时有序进行。通过宣传教育普查范围内的单位，按照普查具体要求，按时、如实地填报普查数据，确保基础数据真实可靠。建立普查交流平台，反映普查动态，交流经验心得。发挥新闻媒体的监督作用，教育和揭露个别地方、部门、单位和个人虚报、瞒报、拒报、迟报，伪造、篡改污染源普查资料的行为。宣传普查机构和人员应对普查对象的技术和商业秘密履行保密义务。

普查工作验收、总结发布阶段：以宣传普查工作成果为载体，利用普查成果反映当前环保工作存在的问题和取得的成就，体现经济发展和环境保护的互动关系，让群众认知环境保护与可持续发展在全面建成小康社会中的重要作用和地位，引导全社会落实科学发展观，实行科学的生产和消费模式，加快生态文明体制改革，建设美丽首都城市副中心。

三、组织实施

北京市通州区第二次全国污染源普查宣传工作在区污染源普查领导小组办公室领导下，由区环保局牵头，联合通州区市容管理委员会、各乡镇街道普查办、第三方机构和其他相关单位共同组织开展。主要工作内容包括拟定普查宣传工作方案与计划、开展宣传活动、编辑工作简报、沟通交流信息、发布普查成果等。

四、措施和方法

通州区污染源普查机构将在各部门的配合下，采取各种形式开展宣传活动，根据不同对象有的放矢地进行普查宣传动员，做到贴近实际、贴近生活、贴近群众，确保宣传工作取得实效。本次宣传工作可采取以下方式：

（一）网络宣传

在"通州区环境保护局网站""通州区市容管理委员会"等官方网站及公众号平台，报道北京市通州区第二次全国污染源普查信息，及时发布相关动态新闻，发送普查宣传短片等，提升通州区第二次全国污染源普查的社会关注度。

（二）户外广告

以公益广告形式宣传普查，在政府企事业单位、工业园区（集中区）、社区街道等公共场所设立有关普查工作的宣传栏、LED 电子屏幕、标语、横幅等。

（三）宣传品

制作发放宣传张贴画、宣传手册等进入乡镇、社区、工业企业等，贴近群众进行宣传。

（四）发放公开信

在普查工作开始之际，给每一个普查对象发一封公开信，将开展污染源普查的目的、意义、主要内容告知每一个对象，取得他们的理解、支持与配合。

五、工作要求

（一）提高认识，切实加强领导

高度重视通州区第二次全国污染源普查宣传工作，把开展宣传工作作为落实《生态文明体制改革总体方案》和《国务院关于开展第二次全国污染源普查的通知》（国发〔2016〕59 号）的一项重要工作，采取多种宣传形式，深入开展污染源普查宣传活动，切实形成有利于普查工作顺利实施的社会舆论氛围。

（二）明确职责，加强组织协调

通州区环保局、通州区市容委员会、第三方机构、各乡镇街道普查办及其他相关单位要按照方案要求，明确分工，密切配合，通力协作，认真组织落实宣传计划中的重点活动。通州区第二次全国污染源普查领导小组办公室要发挥领导作用，有计划、有步骤地组织开展宣传工作。

（三）突出重点，确保宣传效果

要精心策划，合理安排，在普查工作不同时期，针对不同对象，确定工作重点，逐步开展工作，尤其要在营造普查社会氛围上下功夫。污染源普查准备阶段，宣传的主要目标是广大干部，特别是通州区各级领导干部，重点宣传污染源普查意义与目的。对于广大群众的宣传，主要是在试点期间及全面普查阶段，安排宣传的重点是普查的主要内容以及被普查者的责任与义务。

（四）抓住时机，提升环保意识

要紧紧围绕污染源普查这个主题，加大对环境保护形势、当前环境问题和环保工作成就的宣传。要贴近百姓的生产和生活，宣传绿色生产、绿色消费模式，增强生产者、经营者和消费者的环境意识，使广大群众树立保护环境要依靠全社会共同努力的认识。

六、宣传标语及口号

污染源普查　造福首都城市副中心
污染源普查　利环境　利民生

普查污染源　建设美好家园

污染源普查是一项重大的国情调查

开展污染源普查　创建环境友好型社会

配合污染源普查工作是每个普查对象应尽的义务

如实填报确保第二次全国污染源普查圆满成功

治污要治本　治本先清源

治污先治源　环境更安全

9.7　北京市通州区第二次全国污染源普查质量保证和质量控制工作细则

为保证北京市通州区第二次全国污染源普查质量，加强质量控制工作，根据《全国污染源普查条例》（国务院令　第 508 号）、《国务院关于开展第二次全国污染源普查的通知》（国发〔2016〕59 号）和《国务院办公厅关于印发第二次全国污染源普查方案的通知》（国办发〔2017〕82 号）等相关文件规定，结合通州区实际情况，特制定本细则。

一、质量控制目标

普查质量控制是第二次全国污染源普查工作的重要组成部分，通过有效的质量控制措施，确保参与通州区普查机构的普查差错率小于 0.8%，为通州区第二次全国污染源普查工作提供质量保障。

二、质量控制原则

质量控制必须坚持"属地开展、分类控制，逐级审查、全面贯穿"和"不漏、不错、不重"的原则，以乡镇街道级普查机构和参与普查的第三方机构为单位，结合通州区特点，根据工业污染源、农业污染源、生活污染源、集中式污染治理设施、移动源和专项补充源类别，分类、逐级开展质量控制工作，确保控制措施贯穿于普查的工作方案设计、人员培训、摸底清查、普查填报、收表审表以及数据录入、数据处理、抽查验收、数据发布与普查资料管理与开发应用等全过程。

三、组织与实施

各乡镇街道级普查机构和参与普查的第三方机构按照通州区第二次全国污染源普查领导小组办公室统一要求，分类组织与实施负责的污染源普查各环节的质量控制工作，设立质量管理岗位，明确岗位责任制，建立质量控制体系，制订详细周密的工作计划，加强人员培训与管理，形成有效的质量控制工作机制，细化、量化、实化质量控制内容，确保质量控制工作的独立性、权威性、公正性和规范性，切实提高普查工作质量。

（一）人员培训

针对各个工作岗位和工作内容，做好人员选聘工作，开展质量控制培训，明确质量控制内容、方法、操作和要求，树立质量意识，确保普查人员规范执行质量控制方法，实现质量控制目标。

（二）开展工作过程质量检查

质量控制工作必须贯穿污染源普查工作过程，根据不同阶段的工作内容，有针对性地开展质量控制，着重控制普查工作的重点、要点和关键节点，及时发现问题，及时研究问题，及时解决问题，提高质量控制的实效性。原则上入户调查要求两名普查员在场，一名负责根据污染源类型进行现场询问、交流、沟通、资料收集、拍照，另一名负责详细记录和填表，每完成一次入户调查，两名普查员应当互相核对所记录和收集的内容，确保信息填报无误，并签字确认。

（三）开展专项质量核查

围绕着质量控制目标，组织开展不同层次的专项质量核查和抽查工作，对普查的各项工作必须进行质量评估和质量验收，以质量控制记录为依据，以质量报告体现工作实绩，确保质量控制取得实效。

四、质量控制内容

质量控制内容是以普查的全面性和各种表格为核心，以摸底清查、全面普查和数据处理阶段为重点，严格控制普查的全面性以及表格填报的完整性、工整性、准确性、真实性、逻辑性和规范性。

（一）普查全面性

正确界定每个普查对象填报的各类表种，不漏查、漏报、漏录，不错填、错录，不重报、重录，确保普查区域的每个普查对象正确填报，保证普查区域内实际应普查对象的数量与填报表格的数量和录入软件表格的数量一致性。

（二）普查表格填报

1. 完整性：按照普查和软件表格式逐项填报与录入，不得缺项、漏项。
2. 工整性：填写字迹要工整、清晰，不得错格、越格，不得涂改，修改的内容要确认。

3. 准确性：按照相关的技术规定填报，不得错项、错填，确保准确无误。

4. 真实性：必须以事实为依据，文字或数据必须有据可查，真实有效，不得随意编造、估测填报内容。

5. 逻辑性：数据的逻辑关系必须符合相关规定，同一普查对象填报的指标与指标之间、表与表之间的平衡和逻辑关系合理，特殊情况应备注。

6. 规范性：填报的文字、数据和数据处理必须依据普查相关的技术规定，名称、型号、代码和法定计量单位等不得填写简称、俗称、俗名，数据处理结果要确认。

五、质量控制方法

经过培训，普查机构的普查员、数据录入员、数据处理员、普查指导员和质量管理员以及普查对象的质量管理员，通过现场和各种表格的核查、审核、抽查及质量评估与验收方法进行质量控制工作。

（一）核查

普查员或普查指导员根据摸底清查的《普查对象台账》或《普查对象名录手册》，核查区域内每个污染源是否为普查对象，普查对象应填报的普查表种。

（二）审核

1. 普查员对入户调查所填报的表格进行初级审核，确认信息符合普查对象调查结果。

2. 普查指导员对普查员审核上报的表格进行二级审核，确认普查员审核结果。

3. 普查指导员对数据录入员和数据处理员的录入、处理软件表格进行审核，确认审核结果，确保填报表格与软件表格相一致，确保数据处理规范、有效。

（三）抽查

通过随机抽样方法对普查区域的普查质量进行现场核查和软件表格核查。

1. 乡镇和街道级普查机构的质量管理员对本级各普查员负责普查区域及各种表格进行分类随机抽查，参与普查第三方机构的质量管理员对本单位负责普查区域及内容进行分类随机抽查。现场抽查样本比例不低于 30%，其中 10% 工业污染源（5% 详表、5% 简表）、5% 农业污染源、5% 生活污染源、5% 移动源、5% 专项补充源以及至少 1 个集中式污染治理设施，如无某类污染源，则增加其他类污染源抽查比例；各种软件表格抽查比例不低于 20%。

2. 通州区普查办对每个乡镇街道级普查机构和普查指导员负责的普查上报内容进行

分类随机抽查，现场抽查样本比例不少于 50 个工业污染源、20 个农业污染源、20 个生活污染源和 10 个移动源，如无某类污染源，则增加其他类污染源抽查数量；各种软件表格抽查比例不低于 5‰。

（四）质量评估与验收

通过质量控制抽查和质量控制记录，分别计算普查全面性的差错率和各种表格填报内容的差错率，根据计算结果，对照质量控制目标，当差错率小于质量控制目标值为合格，大于质量控制目标值为不合格，分析不合格的普查工作，提出纠正意见。

六、控制结果处理

（一）核查结果处理

核查发现的问题要立即纠正，要补查或重新填报。

（二）审核结果处理

审核发现的问题要责成普查对象、普查员或数据录入、数据处理人员立即更正，不能更正的要重新填报。

（三）抽查结果处理

抽查的差错率大于质量控制目标值，要重新开展质量抽查工作，2 次不合格必须重新开展抽查区域普查工作，并完成记录和质量报告。

七、质量控制步骤

质量控制按照建立岗位责任制、制定工作方案、人员培训、开展质量控制和质量评估与验收五个步骤进行，质量控制分为普查对象的审核以及普查机构人员的核查、审核和抽查。

附件：

1. 重点核查指标
2. 污染源普查质量控制程序图
3. 差错率计算方法
4. 北京市通州区第二次全国污染源普查全面性质量核查报告表
5. 北京市通州区第二次全国污染源普查填报表格质量核查报告表

附件 1：

北京市通州区第二次全国污染源普查重点核查指标

序号	类别	指标
1	工业污染源	机械电子、汽修、建材、化工（含加油站）、金属加工及制品等
2	农业污染源	种植业源、畜禽养殖业源、水产养殖业源以及地膜、秸秆和农业移动源
3	生活污染源	单位和居民生活使用的锅炉（以下统称生活源锅炉），城区、乡镇的市政入河排污口，以及城乡居民能源使用情况，生活污水产生、排放情况
4	集中式污染治理设施	集中处理处置生活垃圾（生活垃圾填埋场、生活垃圾焚烧厂以及以其他处理方式处理生活垃圾和餐厨垃圾的单位）、危险废物和污水的单位［危险废物处置厂和医疗废物处理（处置）厂］
5	移动源	机动车、非道路移动污染源（飞机、船舶、铁路内燃机车和工程机械、农业机械等非道路移动机械）
6	专项补充源	挥发性有机物的补充源（居民生活及商业消费溶剂、植物源和沥青混凝土生产与铺路）、生活相关氨排放源［集中式生活污水处理厂（站）、生活垃圾处理厂、粪便消纳站以及农村人体排放等污染源］和非道路移动专项源（园林机械、工程机械和农业机械）

附件 2：

北京市通州区第二次全国污染源普查质量控制程序图

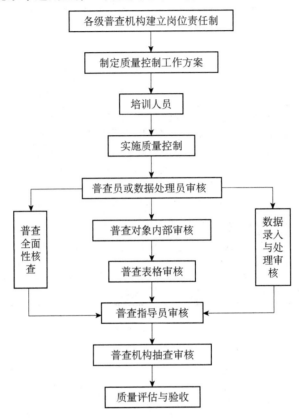

附件 3:

差错率计算方法

一、普查全面性差错率计算

（一）计算公式

$$全面性差错率=\frac{\sum 错误单位数}{\sum 实际检查样本的单位数}\times 100\%$$

（二）公式注解

错误单位数指普查区域漏查、漏报、重复填报、填报表种错误以及软件表格漏录、重复录入、录入错误的单位数。

二、各种表格差错率计算

（一）计算公式

$$表格指标差错率=\frac{\sum 指标错误数}{\sum 实际应填指标数}\times 100\%$$

（二）公式注解

1. 指标错误数：指填写、录入或数据处理的指标在完整性、工整性、准确性、真实性、逻辑性和规范性方面的错误数量。

2. 实际应填指标数：指各种表格填报要求和指标解释与填报说明中规定的填报指标数量，表格填报要求按 1 个指标计算。

附件 4：

北京市通州区第二次全国污染源普查全面性质量核查报告表

抽查机构名称＿＿＿＿＿＿＿＿＿＿　　　　　抽查区域名称＿＿＿＿＿＿＿＿＿＿

抽查类型＿＿＿＿＿＿＿＿＿＿　　　　　抽查类别＿＿＿＿＿＿＿＿＿＿

抽查污染源数量＿＿＿＿＿＿＿＿＿＿　　　　　差错率（%）＿＿＿＿＿＿＿＿＿＿

序号	普查对象名称	填报表号名称	指导员姓名	是否差错	差错内容	纠正意见	备注

质量评估与验收意见：

填表人：　　　　　　　　质量检查负责人：　　　　　　　　报出日期：

注：抽查类型为现场抽查或软件表格抽查；抽查类别为工业污染源、农业污染源、生活污染源、集中式污染治理设施、移动源和专项补充源。

附件 5：

北京市通州区第二次全国污染源普查填报表表格质量核查报告表

抽查机构名称＿＿＿＿＿＿＿＿　　　抽查区域名称＿＿＿＿＿＿＿＿

抽查类型＿＿＿＿＿＿＿＿　　　抽查类别＿＿＿＿＿＿＿＿

抽查污染源数量＿＿＿＿＿＿＿＿　　　指标应填数量＿＿＿＿＿＿＿＿　　　差错率（%）＿＿＿＿＿＿＿＿

序号	普查对象名称	填报表表号名称	指导员姓名	表格应填指标数	指标应填数量	指标错误数量	差错内容	纠正意见	备注

质量评估与验收意见：

质量检查负责人：

填表人：　　　　　　　　　　　　　　　　　　　　报出日期：

注：抽查类型为现场抽查或软件表格抽查；抽查类别为工业污染源、农业污染源、生活污染源、集中式污染治理设施、移动源和专项补充源。

9.8 北京市通州区第二次全国污染源普查培训实施方案

为建立统一思想、统一步骤、统一技术要求的污染源普查队伍，组织好北京市通州区第二次全国污染源普查培训工作，依据第二次全国污染源普查方案，制定北京市通州区第二次全国污染源普查培训实施方案。

一、培训目的

紧密围绕污染源普查工作目标，建设一支熟悉普查工作细则、普查技术规定和普查表式，正确运用环境法律、法规，精干、高效、文明的普查队伍，确保所有普查工作人员全部持证上岗。

通过培训，使普查员和普查指导员明确普查目的、意义，掌握普查对象、范围、指标含义及普查的具体操作要求等，提高普查人员的实际操作水平，保证普查质量和普查工作顺利完成。

二、培训对象

主要培训对象为北京市通州区污染源普查机构或参与普查的第三方机构根据相关文件选聘的普查员和普查指导员。

三、培训内容

培训内容应包括北京市通州区第二次全国污染源普查的目的、意义、范围和内容，如何界定普查对象，如何搞好清查摸底工作，如何正确理解污染源普查表指标解释和填报规定，如何保证普查数据质量以及调查技巧等。

培训教员可从各级污染源普查机构的业务骨干中选调。主要培训课程内容及名称设置如下：

- 普查方案解读
- 普查清查

- 普查员工作细则
- 入户调查技术
- 工业污染源
- 生活污染源
- 集中式污染治理设施
- 移动源
- 专项补充源
- 排污系数应用
- 数据填报系统/软件/应用使用
- 数据处理
- 数据审核/质量控制
- 档案管理

四、培训方法和时间

为满足普查员入户工作需要，计划召开基础培训和过程培训共 3 次，每次会期 2～3 天，其中普查员和普查指导员的培训分级分类进行。

计划对通州区约 550 名普查指导员、普查员，通过集中授课、幻灯片演示、分组讨论、统一答疑和现场总结等多种培训形式，提高他们的业务知识水平。培训结束时，由通州区第二次全国污染源普查领导小组办公室统一出题组织测试，经测试合格者，由北京市第二次全国污染源普查办公室统一登记在册，颁发普查员、普查指导员证，由通州区普查办办理聘任手续。培训测试不合格的人员不能发给证书，不能上岗从事污染源普查工作。

（一）培训方法

以教员面授为主，结合讨论、练习、测试等方式进行。培训中要着重对普查员和普查指导员进行调查技能的训练，以达到提高工作效率的目的。在课堂授课结束后，要安排一定的时间进行实地试填，或进行课堂模拟试填，重点掌握如何填好普查表。对试填中的疑难问题，要认真讨论，统一认识。对难以解决的问题，要及时汇报，由上级污染源普查机构负责解释。

（二）培训时间安排

2018 年 3 月中旬，召开通州区第二次全国污染源普查启动工作会议，举办试点培训、普查指导员培训，培训内容主要包括普查工作方案、普查范围、技术规范、软件使用，以及普查数据的分析汇总、审核、核查等内容；计划培训期 3 天，参与人数约 60 人；

2018 年 3 月下旬，召开普查员基础培训，培训内容主要包括普查技术路线、普查数据计算、污染源普查表格的填写、审核、录入、汇总、现场核查等内容，计划培训期 2 天，参与人数约 600 人；

2018 年 5—6 月，根据普查进度分阶段召开普查员针对性培训和阶段性培训，参与市级普查办公室举办的相关培训。

（三）培训地点安排

根据会议规模情况，就近选取通州区会场开展培训工作。

五、培训教材

普查培训教材（包括普查手册）等，由国家污染源普查机构负责编写、印发。培训人员人手一册。通州区普查办也可根据区普查工作需要编写补充教材。

六、培训费用估算

为满足普查员入户工作需要，需支培训会议费约 99 万元，测算过程：根据《中央和国家机关会议费管理办法》，按照四类会议标准，计划召开基础培训和过程培训共 3 次，每次会期按平均 3 天计算，每次预计平均 200 人参加，会议费标准 550 元/人/天，一次会议=200×550×3=33 000 元，共计 3 次会议，总计约 99 万元。

七、会务安排

培训会务承办由通州区环保局负责。

北京市通州区第二次全国污染源普查领导小组参照国家污染源普查培训实施方案要求，负责设置课程和安排讲课老师，协助承办单位处理培训事宜。

9.9　北京市通州区第二次全国污染源普查项目财务管理和审计相关规定

第一章　总　则

第一条　为加强北京市通州区第二次全国污染源普查项目财务管理，规范财务行为，提高资金使用效率，依据《中华人民共和国预算法》《中华人民共和国预算法实施条例》《北京市预算审查监督条例》《统计部门周期性普查和大型调查经费开支规定》（国统字〔2003〕74号）《北京市财政局关于修订〈北京市市级项目支出预算管理办法〉的通知》（京财预〔2012〕2278号）通州区环保局《财务管理制度》《内部控制规范》，结合通州区第二次全国污染源普查工作实际，制定本规定。

第二条　本规定适用于通州区第二次全国污染源普查项目资金。

第三条　项目管理遵循以下原则：

（一）执行国家有关法律、法规和财务规章制度；

（二）坚持勤俭办事的方针，量入为出、厉行节约、严格执行预算的原则，科学管理和使用。

（三）正确处理普查工作需要与资金供给的关系，社会效益和经济效益的关系。

第四条　污染源普查项目财务管理的主要任务是：

（一）合理编制项目预算，严格执行预算，对预算执行进行有效监督；

（二）努力节约支出，提高资金使用效益；

（三）建立内部审计制度，加强对项目的财务控制和监督，防范财务风险。

第五条　污染源普查项目各项活动由通州区第二次全国污染源普查领导小组办公室（以下简称普查办）统一管理，区财政局负责区级普查经费预算审核及预算安排，做好相关资金保障工作。会同相关部门对普查经费进行监督检查和绩效管理。

第二章　项目预算管理

第六条　通州区普查办根据财政预算情况分年度列出经费预算项目计划，提交通州区污普领导小组党组会审议，并交区财政局审核，通过后执行，普查结束后区普查办将普查经费使用情况向区污普领导小组及其主要成员报告。

第七条 污普经费使用由区普查办综合组负责统筹。综合组依据年度经费预算项目计划和普查工作进度提出经费支出申请并履行审批程序，财务科负责资金落实。

第八条 普查过程中如果发生经费预算项目计划外不可预知的项目支出，由区普查办综合组提出报告，经区普查办副主任和财务主管领导审批后，财务科与区财政部门进行沟通解决。

第九条 项目预算一经批复，应当严格执行。预算执行中原则上不予调整，因特殊情况确需调整的，须报上级主管部门审核后，报区财政局审批。

第十条 区财政局定期调度并通报预算执行情况。各主要参与单位应制订预算执行计划，合理安排业务工作，按时序进度推进预算执行。

第三章 项目支出管理

第十一条 各项支出应全部纳入预算，严格按照预算规定的支出用途使用资金，并严格执行国家规定的开支范围及开支标准。

第十二条 区财政局应按污染源普查项目预算批复或合同约定，专款专用，单独核算，项目完成后应及时验收或接受验收、检查。

第十三条 普查经费应严格按照批准的用途专款专用，并按照有关规定的支出范围和标准使用。

第十四条 普查项目经费应严格遵照区环保局《财务管理制度》、《内部控制规范》和普查年度经费预算计划执行。经费支出申请、审批及支付程序如下：

（一）普查项目经费中政府采购项目，应按照市、区财政局的相关规定，严格履行政府采购程序，支付金额和支付进度按照合同约定执行。具体工作流程为：

1. 区普查办综合组按项目提出普查物资和服务采购详细需求申请，报区普查办主任审核，提交领导小组党组会审批。

2. 财务科依照《中华人民共和国政府采购法》和市、区财政局下发的相关政府采购管理规定牵头组织办理政府采购业务。涉及招标的项目，由区普查办综合组提出标书并经区普查办综合组组长、法规科、财务科审核并分别签署意见，由区普查办主任审批并签署意见，批准后报监察科备案，方可公开发布。

3. 普查物资采购到位后，区普查办综合组协调相关组依照采购计划和质量要求进行验收，验收后分别填写验收单。服务类项目的验收工作，由区普查办综合组会同各相关组共同组织，按照合同中约定的方式进行验收，并在验收完成后，正式提交验收报告。

4. 项目资金支付按照合同约定执行，相关各组凭借项目合同填制《通州区第二次全国污染源普查经费支付审核表》，项目支出须经区普查办综合组、财务科审核，区普查办主任、财务主管领导审批，履行签批程序后，由财务科核准支付。

污普数据处理设备及软件开发等项目的采购，须由数据处理组按照通州区环保局信息化建设相关管理规定提出项目需求，在履行资金支付手续时，由数据处理组填写《通州区第二次全国污染源普查统计信息化项目经费支付审核表》，并履行相关签批程序后，由财务科核准支付。

（二）普查员和普查指导员的聘用费由区普查办根据工作需要审批支付、下拨。区普查办承担普查指导员的具体招聘工作，乡镇街道普查办承担乡镇普查机构工作人员和普查员的具体招聘工作。乡镇街道普查机构应严格按照《北京市通州区第二次全国污染源普查普查员和普查指导员选聘及管理工作办法》规定开展工作。聘用人员中属于财政支出范围的在职人员不得领取工资报酬，区、乡镇街道级普查办将聘用人员的身份证号、是否属于财政支出范围的在职人员等相关信息报区普查办综合组备案。

区普查办综合组根据工作需要提出经费支付申请，报区普查办主任审核，提交区污普领导小组审批后，填写《通州区第二次全国污染源普查经费支付审核表》，交财务科审核后及时支付聘用费，保证经费落实到位。

（三）区级综合试点期间的普查指导员、普查员聘用费以及普查期间的普查指导员招聘经费由区普查办根据试点工作需要审批下拨。试点乡镇和街道承担具体招聘工作，应严格按照《北京市通州区第二次全国污染源普查普查员和普查指导员选聘及管理工作办法》规定开展工作，属于财政支出范围的在职人员不得领取工资报酬。试点乡镇街道将聘用人员的身份证号、是否属于财政支出范围的在职人员等相关信息报区普查办综合组备案。具体申请、审批、拨付程序及试点工作流程如下：

1. 区普查办综合组根据普查实施方案提出试点经费拨付申请，报区普查办主任审核后，提交区污普领导小组审批后，及时将试点聘用费及普查期间的普查指导员招聘费拨付至试点乡镇街道普查办，保证经费落实到位。

2. 区普查办综合组提出经费支付申请，填写《通州区第二次全国污染源普查经费支付审核表》，经财务科审核后支付。

（四）其他污普项目（包括少量办公用品购置、普查培训等）支出须由区普查办综合组根据工作需求提出申请，并按照区环保局《财务管理制度》和《内部控制规范》管理。在执行资金支付手续时，由区普查办综合组填制《通州区第二次全国污染源普查经费支付审核表》，并履行相关签批支付手续。

第四章　项目外拨经费管理

第十五条　项目外拨经费的范围

（一）项目工作开展过程中需要拨付给第三方独立法人单位或独立经济核算单位的测试化验加工费等。

（二）依据《关于第三方机构参与北京市通州区第二次全国污染源普查工作管理办法》，项目需向委托第三方单位拨付相关的技术服务费等。

第十六条　项目外拨经费管理

项目经费中用于支付"现场检测费用""委托第三方服务费"等费用，必须使用通州区环保局规定格式的合同文本，并填写外委合同审批单。合同需由项目相关负责人审核签字（必须为本人签字，签字章无效），并由通州区环保局相应类型项目管理部门审批。

第五章　结余经费的管理

第十七条　普查经费形成的结余，由财务科按照《财政部关于印发〈中央部门财政拨款结转和结余资金管理办法〉的通知》（财预〔2010〕7号）、市财政局《北京市财政局关于印发〈北京市市级行政事业单位财政性结余资金管理办法〉的通知》（京财预〔2013〕2024号）文件执行。

第六章　经费的监督检查与考评

第十八条　区普查办综合组和法规执法及督导检查组对本次普查经费的管理和使用等重点环节是否履行规定程序进行监督，对政府采购过程中的重点环节是否履行规定程序进行监督。

第十九条　普查过程中，区普查办综合组和法规执法及督导检查组会同财务科对下拨各乡镇街道普查办经费的使用情况进行监督和检查。

第二十条　普查过程中，区普查办根据普查实施方案的要求，委托第三方机构开展项目跟踪审计，确保项目经费合规合法、执行到位。

第二十一条　普查工作结束后，要根据区环保局《内部审计制度》，在纪检组组长的直接领导下由内审小组对普查经费进行专项审计，审计情况报区污普领导小组、区人民政府联席办公审议。

9.10　北京市通州区第二次全国污染源普查数据和档案保密工作制度

根据《全国污染源普查条例》（国务院令　第 508 号）、《国务院关于开展第二次全国污染源普查的通知》（国发〔2016〕59 号）和《国务院办公厅关于印发第二次全国污染源普查方案的通知》（国办发〔2017〕82 号）等相关文件规定，普查中涉及的资料属于国家秘密的，应当注明秘密的等级，并按照国家有关保密规定处理。为提高保密意识，加强保密举措，结合通州区特点，特制定制度如下。

第一条　加强领导，责任到人，提高保密意识。各级普查相关单位要深入贯彻落实相关文件中关于污染源普查保密的有关规定，开展对普查工作人员、普查员和普查指导员、数据录入员的保密教育工作，提高其做好保密工作的自觉性。

第二条　普查的综合数据，包括各种总量指标、污染项目指标、颁布指标等，在未正式对外公布以前，任何人均不得泄露。

第三条　正式对外公布以外的综合数据和档案，未经通州区第二次全国污染源普查领导小组的同意，任何人不得擅自对外提供。

第四条　区级和乡镇两级普查机构及其工作人员、普查员和普查指导员有对普查的原始数据和档案保密的义务，不得擅自对外提供。

第五条　在整个普查工作过程中，普查临时规定的一些不宜对外公布的事项，未经区普查领导小组的同意，任何人不得擅自对外提供。

第六条　因普查工作的实际需要，而将普查数据委托除普查参与机构外的单位或者人员收集、审核、录入和处理的，均需签署协议，明确保密责任。

第七条　加强对计算机使用的管理，对于录入、保存和处理涉密数据的计算机不应与互联网相连，任何人都不得擅自截留、修改、删除或复制普查数据和档案。

第八条　对于发生不遵守规定，擅自对外提供或泄露普查中知悉的普查对象商业秘密、普查数据或未公开的普查档案的情况，对直接负责的主管人员和其他直接责任人员依法给予处分，对普查对象造成损害的，应当依法承担民事责任。

第九条　如发现涉密档案泄密、失密事件，应及时报告单位主管领导，及时查清事件发生的原因及责任，将事件调查处理到位。

9.11　北京市通州区第二次全国污染源普查档案管理办法

为了加强对北京市通州区第二次全国污染源普查档案的管理，确保档案的完整、准确、系统和安全，根据《全国污染源普查条例》（国务院令　第 508 号）、《国务院关于开展第二次全国污染源普查的通知》（国发〔2016〕59 号）和《国务院办公厅关于印发第二次全国污染源普查方案的通知》（国办发〔2017〕82 号）等相关文件的规定，结合通州区污染源普查档案管理工作的特点，制定本办法。

第一条　污染源普查档案是指经国务院批准、由国务院环境保护行政主管部门组织实施的全国污染源普查工作过程中形成的、具有保存价值的文件材料，包括各种文字、图表、声像、电子及实物等形式和载体的历史记录。

第二条　加强领导，健全制度。在普查工作之初，需进一步明确通州区第二次全国污染源普查档案分管领导、部门和人员，建立相应的档案管理制度，及时参加上级培训，提高普查档案管理人员的专业能力和水平。

第三条　依据办法，制定方案。根据污染源普查档案管理办法的要求，结合普查的实际情况，把归档材料分为管理文件、表册和资料、音像和实物以及其他相关资料文件四大类，落实归档要求和分类整理要求，将档案的保管期限划定为永久和定期两种，其中，定期分为 10 年、30 年。

第四条　做好档案的收集工作，指定专人负责污染源普查档案的收集，保证档案工作与污染源普查工作实行同步管理、同步验收，确保本次污染源普查中产生的档案没有遗漏。

第五条　做好档案的整理工作，尤其是建好目录等相关索引，在今后普查档案的检查必须做到"抽到即能调出"。确保档案的完整、准确、系统和安全，并为普查工作本身提供利用服务。

第六条　各乡镇街道普查机构、参与普查的第三方机构、有关单位、个人都有保护普查档案的义务。凡规定应当归档的文件材料，必须按照规定集中统一管理，任何个人不得据为己有或拒绝归档。

第七条　乡镇街道普查机构、普查成员单位、第三方机构的普查档案业务工作，接受通州区第二次全国污染源普查领导小组和通州区档案局的监督和指导。

第八条　污染源普查文件材料归档范围：

（一）文件类

1. 各乡镇街道级党政机关有关污染源普查工作的通知、意见及批复；各级党政领导同志的重要讲话、批示。

2. 各乡镇街道污染源普查机构、第三方机构、普查成员单位的请示、报告、通知等；普查工作会议、宣传、检查、验收、总结、表彰等形成的文件材料。

3. 普查办法、意见、工作方案、工作细则、技术规定等。

4. 各乡镇街道普查机构设置、人事任免、工作人员名册。

5. 普查培训文件材料。

6. 普查公报。

（二）表册、资料类

1. 普查原始登记表和汇总表的样表及填表说明；普查使用的计算机应用程序软件及说明等。

2. 普查原始登记表、汇总表以及相应的电子数据。

3. 普查监测数据表册，记录普查数据的文件材料。

4. 普查分析报告及资料汇编。

（三）音像、实物类

1. 普查宣传材料、宣传画等。

2. 普查工作照片、录音录像资料，印章、证书、标志、奖牌等。

（四）普查工作的其他重要相关材料

第九条　普查文件材料归档要求：

（一）归档的文件材料应为原件，如归档复制件必须有相应的说明。

（二）归档的文件材料应做到字迹工整、数据准确、图样清晰，签字盖章、日期等标识完整齐备。

（三）归档文件材料的书写和装订材料应符合档案保护的要求。

（四）归档的电子文件数据应与相应纸质文件数据保持一致，电子文件应物理归档，一式 3 套。

（五）归档的照片、音像、实物要有相应的文字说明。

第十条　污染源普查档案的整理应符合档案工作的相关标准和要求。普查原始登记表按污染源的种类和行政区域进行分类，按 1 个普查登记对象为 1 件进行整理编目。普查档案分类整理后，应编制档案检索目录或建立档案信息检索系统。

第十一条　普查档案的保管期限定为永久、定期两种，定期分为 10 年、30 年。具体的保管期限划分参照《污染源普查档案保管期限表》（见附）。

第十二条 根据工作需要，通州区第二次全国污染源普查领导小组办公室（以下简称通州区普查办）负责配备档案专柜及相应的设施设备，做好防火、防盗、防潮、防污染、防虫害等工作，确保普查档案的安全。

第十三条 各乡镇街道级污染源普查机构应在普查工作完成后2个月内，将普查档案向通州区普查办移交；通州区普查办应在普查工作完成后4个月内，将普查档案向通州区环保局移交，移交时双方应进行检查验收并办理移交手续。

区环保局按照有关规定，将到期的污染源普查档案向通州区档案局移交。

第十四条 普查档案管理经费应专款专用，保证污染源普查档案的整理、保管以及购置必要档案设备、用品等所需的支出。

第十五条 普查档案管理的机构和个人必须按照《中华人民共和国保密法》的规定，加强对污染源普查档案的保密管理。凡涉及国家秘密或商业秘密的普查资料，必须保密。

第十六条 凡违反本办法造成污染源普查档案丢失、损毁，或不按规定归档、玩忽职守造成档案损失者，或泄露污染源普查档案秘密者，按照有关法律法规移交相关部门予以查处。

第十七条 本办法由北京市通州区环境保护局、北京市通州区档案局负责解释。

第十八条 本办法自发布之日起实施。

附：污染源普查档案保管期限表

附：污染源普查档案保管期限表

序号	档案类型		期限
1	党政机关有关污染源普查工作的通知、意见及批复		永久
2	党政领导同志的重要讲话、批示		永久
3	污染源普查工作会议	会议报告、讲话、总结、决议、纪要	永久
		会议典型材料、发言材料、交流材料	30年
4	污染源普查办法、意见、工作方案、工作细则、技术规定、标准等		永久
5	污染源普查机构形成的请示、批复、通知、报告等业务文件材料	重要的	永久
		一般的	30年
6	污染源普查机构设置、人事任免、工作人员名册		永久
7	污染源普查培训文件材料		10年
8	污染源普查工作检查、验收、总结、表彰等文件材料	重要的	永久
		一般的	30年
9	污染源普查先进集体和先进人员名单		永久
10	污染源普查登记表样表及填表说明		永久
11	污染源普查原始登记表及相应的电子数据		10年
12	污染源普查汇总表及相应的电子数据		永久
13	污染源普查监测数据表册、记录污染源普查数据的文件材料		永久
14	污染源普查分析报告、资料汇编		30年
15	污染源普查公报		永久
16	污染源普查宣传材料、宣传画		10年
17	污染源普查工作照片、录音录像资料	重要的	永久
		一般的	10年
18	污染源普查工作证书、标志、奖牌等		10年
19	污染源普查机构印章		30年
20	污染源普查工作的其他重要相关材料		10年

表中未列入的相关文件材料，参照《机关文件材料归档范围和文书档案保管期限规定》规定执行，污染源普查机构的财务会计文件材料依照《会计档案管理办法》执行。

9.12 北京市通州区第二次全国污染源普查
评比表彰工作细则

为表彰在北京市通州区第二次全国污染源普查工作中表现突出的单位和个人，根据《全国污染源普查条例》（国务院令 第 508 号）、《国务院关于开展第二次全国污染源普查的通知》（国发〔2016〕59 号）和《国务院办公厅关于印发第二次全国污染源普查方案的通知》（国办发〔2017〕82 号）等相关文件规定，结合通州区实际特点，现制定北京市通州区第二次全国污染源普查评比表彰工作细则。

一、评比表彰目的

树立典型，激励先进，调动通州区区内有关单位、普查机构和普查人员争先创优的积极性，总结交流先进经验。

二、评比表彰原则

依据各成员单位普查工作的完成情况，各参与集体及个人在普查工作中组织动员及准备、入户清查摸底、环境监测、普查表填报及现场调查、质量抽（核）查、数据审核和录入、数据汇总及上报、归档总结等各项工作的完成情况，本着实事求是、客观公正、质量第一、成绩突出的原则进行评比。对评比出的先进集体、先进个人进行表彰。

工作质量达不到国家、北京市及通州区规定的评选标准或在工作中有任何违纪、违法行为的集体和个人，不得参与评选。

三、评比类别、范围和名额分配

（一）评比类别

本次评比设北京市通州区第二次全国污染源普查组织优秀、宣传优秀、清查和普查优秀、普查档案优秀、优秀品德风尚优秀先进集体与先进个人 6 个类别。

（二）评比范围

先进单位和各类优秀奖从区级、乡镇和街道普查机构、有关成员单位和第三方机构中评选。

先进个人从参与通州区第二次全国污染源普查的人员（包括各级普查机构和参与单位的工作人员、普查员和普查指导员、数据录入和处理员等）中评选。

在工作中有任何违纪、违法行为的集体和个人，不得参与评比。

（三）名额分配

根据参加通州区第二次全国污染源（工业污染源、农业污染源、生活污染源、集中式污染治理设施、移动源和专项源）普查工作的单位和个人的数量，以及各乡镇街道开展普查工作的工作量和普查质量，综合确定北京市通州区第二次全国污染源普查先进单位、先进个人及其他奖项的分配名额。其中，优秀组织奖、优秀宣传奖、优秀清查普查奖、优秀普查档案奖、优秀品德风尚奖获得单位各 1 个，先进个人 50 个，具体名额分配见附表一和附件三。

四、评比办法

（一）先进单位、各类优秀奖由区普查办直接评选。

（二）先进个人由各有关单位、各乡镇街道级普查机构评选，报区普查办确认。

五、评选条件和标准

（一）先进单位和各类优秀奖的评选条件和标准

1. 北京市通州区第二次全国污染源普查先进单位的评比以组织准备工作、宣传工作、信息报送工作、人员选聘工作、清查工作、全面普查阶段、档案整理保管工作、普查校核与质量控制等方面进行考核打分，按得分总数选拔，具体参照普查验收评分的得分。

2. 先进单位要符合以下条件：一是单位领导重视，较好地配合本区第二次全国污染源普查办公室的各项工作，按时保质完成本职任务；二是积极协调辖区内或本单位负责的普查工作，配合通州区普查办的安排，组织好下级单位的污普工作，在污染源普查中具有超前意识和争先的表现；三是在污染源普查中成绩突出。

（二）先进个人的评选条件和标准

1. 对普查工作有高度热情，认真负责，一丝不苟，吃苦耐劳，深入普查现场。

2. 刻苦钻研并熟练掌握普查业务知识，严格贯彻普查方案、各项技术规定和工作细则，根据实际情况制定合理的普查路线。

3. 具有开拓精神，能抓住各个关键环节，及时发现问题并提出解决方案，积极向普查对象宣传普查知识，主动发表介绍普查工作的文章。

4. 在普查工作中坚持实事求是的原则，依法开展普查，敢于同一切弄虚作假等违反《全国污染源普查条例》的行为作斗争。

六、评比材料报送要求

（一）各有关单位负责填报《北京市通州区第二次全国污染源普查区级先进个人呈报一览表》（附表二）。

（二）表格可用电脑打印也可用钢笔填写，各有关单位及普查办要填写意见并加盖公章，以纸质文件一式两份同时附电子文件报送到区级污染源普查办。

七、表彰办法

北京市通州区污染源普查领导小组将召开总结表彰会议，向被评为北京市通州区第二次全国污染源普查区级先进单位、各类优秀奖的集体和先进个人进行表彰并颁发证书和奖金，对于特别优秀的单位或者个人，由区普查办积极向上级单位推荐评比。

八、其他

各乡镇街道级污染源普查工作的评比表彰办法，由各乡镇街道级污染源普查机构根据本方案，结合本地实际情况自行制定，并组织实施。

附件一：北京市通州区第二次全国污染源普查区级先进个人名额分配表

附件二：北京市通州区第二次全国污染源普查先进个人呈报表

附件三：北京市通州区第二次全国污染源普查各奖项设置

附件一：

北京市通州区第二次全国污染源普查区级先进个人名额分配表

序号	乡镇街道	先进个人（人）
1	北苑街道	1
2	新华街道	1
3	玉桥街道	1
4	中仓街道	1
5	漷县镇	5
6	梨园镇	1
7	潞城镇	7
8	马驹桥	7
9	宋庄镇	4
10	台湖镇	3
11	西集镇	3
12	永乐店	3
13	永顺镇	2
14	于家务	3
15	张家湾	8
总计		50

附件二：

北京市通州区第二次全国污染源普查先进个人呈报表

呈报单位（盖章）：

序号	姓名	性别	年龄	职务/职称	普查工作岗位	工作单位

联系人：　　　　　　　　联系电话：　　　　　　　　上报时间：

注：本表由乡镇、街道普查办，参与普查第三方机构，通州区第二次全国污染源普查领导小组成员单位负责填报并盖章。